MATÉRIAUX

POUR SERVIR A LA FAUNE

DES

COLÉOPTÈRES DE FRANCE

RECUEILLIS ET PUBLIÉS

PAR

LE DR A. GRENIER

PRIX : 2 FRANCS

PARIS

CHEZ LE Dr **A. GRENIER**, RUE DE VAUGIRARD, 63
ET CHEZ MONSIEUR LE TRÉSORIER DE LA SOCIÉTÉ ENTOMOLOGIQUE DE FRANCE
RUE SAINTE-PLACIDE, 50

2ᵉ CAHIER — JUILLET 1867

COLÉOPTÈRES DE FRANCE

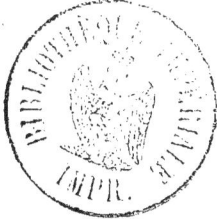

Imprimerie L. TOINON et Cᵉ, à Saint-Germain.

MATÉRIAUX

P R SERVIR A LA FAUNE

DES

COLÉOPTÈRES DE FRANCE

RECUEILLIS ET PUBLIÉS

PAR

LE Dᴿ A. GRENIER

PARIS

CHEZ LE Dʳ **A. GRENIER**, RUE DE VAUGIRARD, 63

ET CHEZ MONSIEUR LE TRÉSORIER DE LA SOCIÉTÉ ENTOMOLOGIQUE DE FRANCE

RUE SAINTE-PLACIDE, 50

2ᵉ CAHIER — JUILLET 1867

(C.)

AVIS

Le catalogue détaillé auquel je travaille n'étant pas encore assez avancé pour en commencer la publication, j'ai pensé qu'il ne serait pas sans utilité d'ajouter quelques pages aux matériaux pour la Faune française.

Je livre aujourd'hui au public entomologique la description d'un certain nombre d'espèces nouvelles et une monographie du genre *Trechus*.

Ce n'est pas sans hésitation que je me suis déterminé à faire figurer ici cet excellent travail, puisqu'il renferme beaucoup d'espèces qui, malheureusement, ne se trouveront jamais en France ; mais, réfléchissant que l'étude comparative de ces espèces européennes ne peut que faciliter la connaissance de tout ce que nous trouvons chez nous dans ce genre, si nombreux et si difficile, je me suis décidé et je suis convaincu que les entomologistes me sauront gré de leur avoir fait connaître un peu plus tôt cet heureux résultat des observations de notre cher confrère et ami M. L. Pandellé.

Espérons que l'année prochaine il me sera possible d'ajouter encore quelques pages à ce recueil, et je ferai tout ce que je pourrai pour décider M. Pandellé à me confier encore quelques-unes de ses nombreuses découvertes.

Dr A. Grenier.

Paris, 3 juillet 1867.

TABLE

ÉTUDE MONOGRAPHIQUE

SUR LE

GENRE TRECHUS

(ESPÈCES EUROPÉENNES)

PAR L. PANDELLÉ

GÉNÉRALITÉS

Plusieurs auteurs se sont déjà occupés des *Trechus* avec fruit. Dejean dans son *Species*, Heer dans la *Fauna Helvetica*, M. Putzeys dans son *Conspectus Trechorum Europæorum*, publié en 1847 dans la *Gazette de Stettin*; MM. Fairmaire, Schaum, Kiesenwetter, dans les Faunes locales ou dans les Annales de Paris et de Berlin, en ont publié le plus grand nombre. Néanmoins, en raison de la difficulté naturelle du sujet, la matière me paraît digne d'occuper encore l'attention. Ayant à décrire trois nouvelles espèces des Pyrénées, j'ai saisi cette occasion d'étudier de nouveau les *Trechus* européens. J'ai été encouragé dans cette entreprise par les communications bienveillantes de plusieurs entomologistes éminents. Mais je ne me flatte pas d'avoir complétement élucidé la question. Je me tiendrai pour satisfait, si les nouveaux caractères que j'ai employés et leur disposition en un Tableau synoptique amènent les entomophiles à déterminer plus sûrement et classer plus commodément les espèces de *Trechus*.

Je ne m'étendrai pas ici sur les caractères généraux des *Trechus*, pour lesquels je renvoie aux auteurs précités qui ont traité la matière *ex professo*. Mais je m'expliquerai d'abord sur les caractères et les expressions dont j'ai fait usage. Comme l'observation des différences est assez délicate, à cause de l'extrême ressemblance des espèces, il importe de le bien comprendre.

9.

La *tête* est marquée en dessus de deux sillons longitudinaux profonds, divergents en avant, longeant les yeux et les contournant sans interruption en arrière. Cette partie transverse du sillon n'est jamais contiguë à l'œil. L'*intervalle post-oculaire*, c'est la plus courte distance qui sépare l'œil de ce sillon transverse : son rapport avec la plus grande courbure longitudinale de l'œil est la mesure qui sert à apprécier le développement de cet organe. On verra qu'il y a là un caractère très important. Pour en avoir une idée exacte, il faut prendre garde que l'œil est ovalaire, plus aigu en avant et en dessous; qu'il est un peu plus développé chez les adultes que chez les immatures, et qu'il s'étend souvent au delà de la partie qui est devenue blanchâtre par le fait de sa dessiccation.

Dans la partie de l'orbite oculaire qui se trouve circonscrite par les sillons frontaux, on remarque deux gros points hérissés d'une longue soie dont le bulbe produit souvent l'effet d'un ombilic. Le plus antérieur est placé vers le milieu de l'œil ; le postérieur est moins en évidence, et se trouve sur le bord antérieur du sillon transverse. Ces deux points sont les *pores orbitaires*. La position du deuxième varie de telle sorte que si l'on mène par les deux pores de chaque côté une ligne droite qui les réunisse, tantôt elle paraîtra parallèle à sa symétrique, et tantôt ces deux lignes prolongées en arrière paraîtront diverger en dehors ou converger l'une vers l'autre. La position et le nombre de ces pores à longue soie, tant sur la tête que sur le pronotum, joue un rôle important chez les Carabiques et d'autres familles de coléoptères : il est à regretter qu'on en ait négligé l'étude.

Les *antennes* ont été examinées avec beaucoup plus de soin. Il est à remarquer que tous les *Trechus* les ont densément pubescentes et courtement hérissées, sauf au premier article. Ce qu'il importe le plus d'observer, c'est la longueur de leur ensemble et les rapports particuliers entre les articles 2, 3 et 4. J'ai déterminé leur longueur totale par la fraction des élytres qu'elles atteignent, quand on les dresse le long du corps. La dimension relative des art. 2, 3 et 4 a été appréciée surtout par M. Putzeys : elle fournit de bons caractères, pourvu qu'on n'en fasse pas un emploi trop minutieux. Indépendamment des variations légères qui affectent les caractères les plus constants, il y a ici à redouter les différences d'appréciation qui proviennent d'un emboîtement plus ou moins complet de ces articles, ou même du sens dans lequel on les examine.

Le *pronotum* fournit ici, comme ailleurs, un grand nombre de caractères importants qui ont déjà attiré l'attention des auteurs; mais souvent on n'a utilisé que des caractères obsolètes, et on a perdu le profit des bons, faute de précision dans les termes. Le pronotum paraît presque toujours plus ou moins cordiforme, à cause de son plus grand élargissement vers le tiers antérieur. Il est toujours plus large que long. Il est difficile de

comparer sa largeur à sa longueur, comme cela arrive pour les mesures
en sens contraire : il est plus commode de mettre sa largeur en parallèle
avec celle des élytres, parce qu'on peut rapporter sa plus grande saillie
au niveau d'une strie des élytres. A partir du tiers antérieur environ, les
marges latérales convergent en ligne courbe jusqu'à l'angle antérieur, et
en ligne plus ou moins courbe ou redressée jusqu'au postérieur. Le rétrécissement postérieur, variable selon les espèces, a été apprécié par la
fraction longitudinale du pronotum qu'il occupe et par le rapport qu'il a
avec le rétrécissement antérieur. Ce dernier se prend à l'angle même, le
postérieur un peu au-devant de l'angle quand sa pointe est saillante en
dehors. Il importe beaucoup d'examiner la forme de l'angle postérieur et
de la sinuosité latérale qui le précède. On retire aussi un grand avantage
des rapports de niveau de cet angle avec la partie du bord postérieur qui
repose sur l'écusson : c'est proprement cette partie, qui est invariable,
que j'ai désignée sous le nom de *bord postérieur*. On verra que j'ai aussi
tiré parti de la forme des fossettes basilaires; mais le sillon médian, les
deux courts sillons dont il est flanqué en arrière, les impressions trans-
verses de la base et du sommet ne m'ont offert presque toujours que des
différences obsolètes ou peu utilisables, parce qu'elles manquent de mesure précise.

Les *élytres* ont une *forme* un peu variable. Tantôt elles sont étroites,
au point d'être presque deux fois aussi longues que larges ensemble;
tantôt elles sont presque orbiculaires; tantôt régulièrement elliptiques;
tantôt élargies en arrière. Cependant ce caractère, bien qu'il affecte considérablement la physionomie des *Trechus* ne peut être employé à former
des groupements de premier ordre, à cause de la dégradation insensible
de la forme, et de ses variations particulières dans l'intérieur de chaque
espèce. Toutes offrent des individus larges et étroits : la dilatation des
élytres leur donne une apparence ovalaire, et leur rétrécissement un
faciès elliptique. Aussi je n'ai donné leur forme que comme une indica-
tion générale du sens dans lequel elle se développe.

La *marge* des élytres est toujours arrondie au-devant des épaules;
mais elle se dirige vers le pédicule d'insertion d'une manière qu'il importe
d'observer. Tantôt les deux marges basilaires arrondies convergent en
avant; tantôt elles marchent transversalement l'une vers l'autre; quelquefois même elles dévient, et paraissent converger en arrière de l'écusson.
La marge apicale est à peine sinuée.

Les *stries* dorsales sont plus profondes que les latérales qui sont
souvent effacées; 3-7 effacées en arrière; la 8e plus profonde en arrière
et en avant, où elle porte les pores ombiliqués habituels aux Carabiques.
La strie supplémentaire est très-courte et borde l'écusson : la 1re est
recourbée en dehors à son extrémité, et remonte sous forme de crosse

le dernier 5e environ; la 2e dévie un peu en dehors avant l'extrémité, puis se recourbe un peu en dedans, de manière à rendre presque toujours le 2e intervalle un peu plus large en ce point; les 2e à 5e sont un peu déviées en dedans vers la base; la 9e strie est profonde dans toute son étendue, elle longe le rebord des élytres, contourne avec lui la partie scapulaire et s'étend au moins jusqu'à la 5e strie qui est le plus souvent confluente.

Le 3e *intervalle* est toujours marqué de trois pores sétigères, le 1er vers le quart antérieur, le 2e vers le milieu, tous deux sur le bord de la 3e strie; le 3e pore est placé sur le bord de la 2e et presque toujours vers l'extrémité : il est moins apparent, ce qui a fait croire le plus souvent que les *Trechus* n'avaient que deux points sur le 3e intervalle.

La plupart des *Trechus* n'ont que des *ailes* rudimentaires; mais je suis porté à croire que leur développement n'est pas toujours un caractère spécifique.

C'est à tort qu'on a négligé l'étude du *métasternum* pour la distinction des espèces : il fournit ici des indications précieuses par les variations de son développement. J'ai pris pour base de sa mesure la portion la plus étroite qui sépare la hanche intermédiaire de la postérieure : c'est là proprement l'*intervalle coxal*. Je l'ai comparé à la dimension de deux pièces voisines, savoir : la plus grande largeur de la cuisse intermédiaire et la plus grande longueur du pilier de la hanche postérieure. Le *pilier* de la hanche, c'est la partie interne plus ou moins cylindrique qui donne attache au trochanter et par suite à la cuisse.

L'*abdomen* et les *pattes* ne m'ont offert aucune particularité de nature à différencier les espèces. Le renflement des cuisses est presque toujours proportionnel au rétrécissement du métasternum.

La *couleur* des Trechus est assez analogue dans les diverses espèces. Les palpes et les pattes sont toujours d'un jaune ferrugineux, rarement rembruni. Les antennes ont le plus souvent la même nuance; quelquefois elles prennent en dehors de la base une teinte brune sujette à s'éclaircir. La couleur foncière du corps est le brun qui incline tantôt au noir tantôt au ferrugineux selon les espèces, mais se dégrade aussi dans l'intérieur de chacune d'elles. Fréquemment les teintes brunes sont irisées de bleu.

Les Trechus n'offrent aucune *différence sexuelle* qui soit spécifique, à l'exception de l'*Ochreatus*, Dej., dont le mâle a les cuisses postérieures renflées. Chez tous, le mâle montre aux tarses antérieurs les art. 1-2 dilatés, surtout en dedans, avec leur angle interne prolongé en dent obtuse; leur surface inférieure est garnie de pellicules saillantes qui font probablement ventouse pendant la vie. Le 6e arceau ventral mâle apparent est marqué au bord postérieur vers ses extrémités d'un pore longuement sétigère, et porte souvent dans l'intervalle une impression obsolète. — La femelle a les tarses simples, mais le 6e arceau ventral offre de plus que le mâle, entre les pores déjà cités, deux autres pores à soie plus courte placés en ligne droite avec les premiers, ou un peu moins avancés : les quatre pores presque à égale distance les uns des autres. La femelle n'atteint pas généralement une aussi grande taille que le mâle.

Les *mœurs* des *Trechus* sont assez analogues. Ils fréquentent de préférence les lieux frais ou humides : on les trouve, soit au bord des torrents ou des neiges fondantes dans les régions alpines, soit dans les mousses, soit sous les feuilles tombées. Leur nourriture est très-probablement animale.

CLASSIFICATION

Le genre *Trechus* a été établi par Clairville (*Entom. Helvet.*, II, 22). Il appartient au groupe des *Trechini* qui se distingue des autres Carabiques principalement par les sillons frontaux courbes, la forme de ses palpes maxillaires, de la languette et des paraglosses. Les *Trechus* diffèrent des autres genres européens de ce groupe, savoir : des *Blemus*, Dej. et des *Æpus*, Samouelle, par l'absence d'épine sous le 4e article des tarses antérieurs, et par la 1re strie des élytres fortement recourbée en crosse en arrière : des *Anophthalmus*, Sturm, et des *Aphœnops*, Bonvouloir, par des yeux à pigment noir bien marqué. Cependant comme le développement des yeux chez les Trechus est très-variable, et comme on a signalé des cas où des *Anophthalmus* avaient des yeux apparents, il est à désirer que les entomologistes qui s'occuperont de ce dernier genre indiquent un autre caractère complémentaire de cette différence.

Quelques auteurs ont essayé de diviser les *Trechus* en d'autres genres. C'est ainsi que Redtenbacher a séparé sous le nom de *Blemus* les *T. discus* et *micros* qui ont une pubescence couchée en dessus; que Wollaston a créé le genre *Thalassophilus* sur une espèce de Madère, conforme au *longicornis*, sans doute à cause de la réunion de la 1re strie des élytres avec la 3e à l'extrémité ; que Leach a fondé le genre *Epaphius* sur le *T. secalis*, adopté depuis par Redtenbacher, parce que son menton n'a qu'une dent simple. Ces auteurs me semblent avoir perdu de vue qu'un genre naturel est fondé, non sur un détail, mais sur un ensemble de modifications concordant avec le changement de la physionomie générale et le séparant nettement des groupes voisins.

La manière de disposer les espèces de *Trechus* est assez arbitraire à cause de leur grande analogie. Je me suis attaché à rapprocher les espèces

dont le faciès est semblable. Il se combine d'ailleurs avec une grande variété dans les détails. Mon premier dessein était de me limiter aux espèces
de France, n'ayant pas de matériaux suffisants pour étendre mes études
au delà. C'est sur les instances des entomologistes qui ont bien voulu me
confier leurs collections, que je me suis décidé à intercaler les autres
espèces européennes qui s'y trouvaient contenues. J'ai pensé que c'était
un moyen de confirmer la valeur des caractères déjà reconnus aux *Trechus* français, et un document de plus pour les naturalistes qui entre-
prendront une tâche plus étendue.

Je ne sais si je dois m'excuser d'avoir donné, pour les espèces nouvelles, une préférence systématique aux noms des entomologistes qui ont
servi la science par leurs travaux ou leurs découvertes. J'ai voulu éviter
ces désignations banales qui sont la conséquence d'une structure uniforme.
Je dois me justifier aussi d'avoir restreint beaucoup les citations syno-
nymiques. Je me suis borné à l'auteur qui a institué l'espèce et aux ouvrages les plus récents. Le développement que l'on donne en général à
cette partie n'offre à l'égard des auteurs anciens qu'un intérêt purement
bibliographique. Je crois qu'il y a plus d'avantage pour les entomologistes
à réduire l'exposé de la science à ce qu'il y a de plus essentiel. C'est le
seul moyen de réduire le prix de revient des ouvrages entomologiques et
de propager le goût de leur étude, en les mettant à la portée des fortunes
modestes.

TABLEAU SYNOPTIQUE DES TRECHUS

1. — Corpore partim pube depressa vestito. Antennis dimidiam
elytrorum partem saltem attingentibus. Pronoto fossulis basalibus
margini laterali contiguis, interstitio vel nullo vel omninò depresso.
Elytris, stria prima apice vel cum tertia confluente vel quartam versùs
recurva.

Teinte ferrugineuse souvent rembrunie au moins entre les yeux. Tête large :
antennes art. 2e plus court que le 4e. Pronotum cordiforme à peu près aussi
rétréci en avant qu'en arrière; angles postérieurs droits à pointe aiguë; fossettes
basilaires profondes. Elytres en ovale allongé; côtés insensiblement déclives;
3e intervalle à 3e pore placé vers l'extrémité. Ailes développées. Intervalle
coxal plus large que la cuisse intermédiaire, au moins égal au pilier postérieur.

2. — Metathorace abdomineque pubescentibus : elytris fascia transversa nulla. Poris orbitalibus non divergentibus : interstitio post-ocu-

lari oculos saltem æquante. Pronoto lateribus posticè paulatim erectis. Elytris basi transversim latè truncatis; striis non aut vix punctulatis, 1ᵃ cum 3ᵃ apice confluente.

3. — Corpore supra glabro. Sulcis frontalibus anticè vix divergentibus; poris orbitalibus convergentibus; interstitio post-oculari oculis saltem sesquilongiore. Pronoto transverso, angulis posticis margine posteriore 10ᵃ parte anterioribus; sulco medio ante basim obliterato. Elytris depressis paulò ovatis, pronoto 3ᵃ parte conjunctim latioribus, 3ᵃ parte vix longioribus quam latioribus; striis impunctatis, 1-3 benè impressis; 9ᵃ cum margine laterali anticè cum 1ᵃ conjuncta. Interstitio coxali femora media dimidia parte, pilam posteriorem 4ᵃ parte superante. — Long. 3,5-4,5ᵐᵐ.

Ferè tota Europa; rivis tumentibus, non frequens.

STURM, *Deuts. Ins. VI.* 83. — DEJ., *Sp. V.* 7 (*littoralis*). — FAIRM. LAB. *Faun. Fr.* I. 148. — SCHAUM, *Ins. Deuts.*, I. 635.   1. **longicornis.**

— 3' — Corpore suprà undiquè pubescente. Sulcis frontalibus anticè evidentiùs divergentibus; poris orbitalibus parallelis; interstitio post-oculari oculis circiter æquali. Pronoto vix longitudine latiore; angulis posticis marginem posticum æquantibus; sulco medio basi tenùs producto. Elytris minùs depressis, angustis, 4ᵃ parte solum pronoto latioribus, ferè duplò longioribus quam latioribus; striis vix conspicuè punctulatis, 1-3 vix profundis, 9ᵃ solummodò 4ᵃᵐ anticè attingente. Interstitio coxali femora media 4ᵃ parte, pilam posteriorem non aut vix superante. — Long. 4-4,5ᵐᵐ.

Europa boreali et media; rivis tumentibus. Non frequens.

HERBST, *Archiv.* 142. — FAIRM. LAB. *Faun. Fr.* I. 148, — SCHAUM, *Ins. Deuts.*, 684.   2. **micros.**

La pubescence couchée est étendue à tout le corps en dessous sauf la tête et les épipleures. Elle est clairsemée sur la tête, un peu plus dense sur le pronotum, la poitrine et l'abdomen, très-serrée sur les élytres. Celles-ci offrent souvent sur la moitié postérieure une tache obscure diffuse qui épargne plus ou moins la suture, l'extrémité et les côtés. Cette espèce paraît limitée en France à la zone boréale et orientale.

— 2' — Metathorace abdomineque glabris; elytris ponè medium fascia transversa nigro-cyanea. Poris orbitalibus posticè divergentibus; interstitio post-oculari dimidiam oculorum partem vix æquante. Pronoto lateribus posticè subito constrictis. Elytris basi obliquè truncatis, marginibus anteriùs convergentibus; striis evidenter punctulatis, 1ᵃ apice 3ᵃᵐ versùs ducta sed 4ᵃᵐ versùs recurva. — Long. 4,5-5,5ᵐᵐ.

Europa boreali et media; rivis tumentibus. Non infrequens.

FABR. *Syst. El.* I. 207 — FAIRM. LAB. *Faune Fr.* I. 148. — SCHAUM, *Ins. Deuts.*, 633.   **3. discus.**

Teinte assez vive d'un rouge brun, bande bleue des élytres placée sur le 3ᵉ quart, contiguë à la suture et plus ou moins réduite sur les côtés et en arrière : pubescence couchée restreinte aux élytres où elle est peu serrée. Prono⁻tum transversal, n'ayant que les ²/₃ de la largeur des élytres ; côtés redressés assez brusquement vers le 6ᵉ postérieur ; angles d'un 16ᵉ environ moins avancés que le bord postérieur ; sillon médian continué jusqu'à la base. Élytres légèrement convexes et ovalaires, environ d'un tiers plus longues que larges ensemble ; stries peu profondes, la 9ᵉ atteignant le niveau de la 4ᵉ en avant. Intervalle coxal de ¹/₄ plus grand que le pilier postérieur, des ²/₃ plus large que la cuisse intermédiaire.

— **1'** — Corpore glabro. Antennis brevioribus. Pronoto fossulis basalibus a margine laterali interstitio ferè semper prominulo separatis. Elytris stria 1ᵃ apice 6ᵃᵐ aut 7ᵃᵐ ₗversùs ducta, 5ᵃᵐ versùs recurva et sæpiùs confluente.

4. — Elytris interstitio 3° cum poro setigero ultimo apicem versùs disposito ; lateribus paulatim decumbentibus.

5. — Pronoto fossulis posticis profundis.

6. — Elytris basi rotundatis, marginibus anteriùs curvatim convergentibus.

Pronotum ayant au plus les ³/₈ de la largeur des élytres. Elytres à 9ᵉ strie, atteignant le niveau de la 4ᵉ, au moins avant sa déviation basilaire. Ailes rudimentaires. Intervalle coxal pas plus grand que le pilier postérieur.

7. — Poris orbitalibus posticè non divergentibus. Elytris depressis 4ᵃ circiter parte longioribus quàm latioribus.

8. — Interstitio post-oculari oculis circiter æquali.

Pronotum à peu près aussi étroit en arrière qu'en avant.

9. — Pronoto lateribus antè angulos posticos constricto-erectis.

Pronotum à sillon médian bien imprimé à la base. Mâle à cuisses postérieures simples.

10. — Interstitio post-oculari oculis non aut vix æquali, poris orbitalibus posticè convergentibus ; antennis articulo secundo quarto breviore. Pronoto lateribus posticè evidentiùs et subito constricto-erectis ; angulis posticis acumine acuto extùs prominulo.

Brun-marron tournant quelquefois au ferrugineux. Élytres à stries latérales plus faibles, mais visibles.

11. — Antennis longioribus, 3ᵃᵐ basilarem elytrorum partem æquantibus. Pronoto, lateribus versùs 6ᵃᵐ aut 7ᵃᵐ partem posticam constrictis; angulis posticis marginem posticum æquantibus. Elytris striis sat evidenter punctulatis. Interstitio coxali femoribus mediis 4ᵃ circiter parte latiore, pila posteriore non aut vix breviore. — Long. 5,5-6ᵐᵐ.

Transylvania, Valachia.

Pᴜᴛᴢ, *Stett., Zeit*, 1847, 305. **4. procerus.**

— 11' — Antennis brevioribus, 4ᵃᵐ basilarem elytrorum partem solùm æquantibus. Pronoto lateribus angulos versùs modo constrictis, angulis ipsis margine postico paulo anterioribus. Elytris, striis lævibus. Interstitio coxali femoribus mediis paulò angustiore, 3ᵃ pilæ posterioris parte superato. — Long. 4-5ᵐᵐ.

Pyrenæis Occident., Arrens, Bonnes. Junio-julio, nivibus circa 2000-2400ᵐ. Rarò.

Fᴀɪʀᴍ. *Ann. Soc. fr.*, 1861. 578 (*Politus rectifié en* Bʀᴜᴄᴋɪɪ, *Ann.* 1862, 548.—Sᴄʜᴀᴜᴍ, *Catal. coleopt. Eur.*, 1862, *suppl.* (*oblongus*). 5. **Bruckii.**

J'ai eu les types sous les yeux : il s'est glissé une erreur, au sujet des antennes, dans la description de l'auteur.

— 10' — Interstitio post-oculari oculos leviter superante, poris orbitalibus parallelis; antennis art. 2°, 4° æquali. Pronoto lateribus non subito constrictis, angulis posticis acumine ferè retuso non prominulo. — Long., 4-4,2ᵐᵐ — Austria, Styria.

Pᴜᴛᴢ, *Prém. Ent.* 58. — Sᴄʜᴀᴜᴍ, *Ins. Deuts.*, 646. **6. ovatus.**

Ferrugineux, quelquefois rembruni. Antennes atteignant seulement le quart des élytres. Pronotum, côtés légèrement redressés avant la base; les angles au niveau du bord postérieur. Élytres à stries lisses presque effacées sur les côtés. Intervalle coxal un peu plus étroit que la cuisse intermédiaire, à peine supérieur à la moitié du pilier postérieur.

— 9' — Pronoto lateribus usque ad angulos convergentibus, aut vix et paulatim erectis.

Ferrugineux ou à peine rembrunis. Antennes ne dépassant pas le quart des élytres; le 2ᵉ art. à peu près égal au 4ᵉ. Pronotum, angles au niveau du bord postérieur. Élytres à stries pointillées, quelquefois lisses.

12. — Interstitio post-oculari oculis æquali; poris orbitalibus parallelis. Pronoto, lateribus posticè paulatim arcuatis et erectis; angulis posticis acumine acuto, fere rectis; sulco medio versùs basim tenuissimo. Elytris, striis benè impressis. Interstitio coxali femoribus mediis paulò solùm angustiore, pila posteriore 4ª solùm parte breviore. Mas, femoribus simplicibus. — Long. 3,8-4,2ᵐᵐ.

Alpibus, Mᵉ Rosa.

KIESENW, *Berlin*, 1861, 374.   7. **strigipennis**.

— **12'** — Interstitio post-oculari oculis paulò majore; poris orbitalibus posticè convergentibus. Pronoto, lateribus posticè rectè convergentibus ; angulis apertis, acumine ferè retuso; sulco medio ad basim potiùs latiore. Elytris, striis tenuioribus. Interstitio coxali dimidiam partem femorum mediorum vix superante, pilæ posterioris non æquante. Mas, femoribus posticis suprà curvatis, infrà basi longè emarginatis ante apicem clavato geniculatis. — Long. 4ᵐᵐ.

Austria, Styria ; in Alpibus.

DEJEAN, *Sp. V.*, 11. — REDTENB, *Faun. Austr. ed. II*, 68 (*Milleri*). — SCHAUM, *Ins. Deuts.*, 645.   8. **ochreatus**.

Je n'ai vu qu'un seul individu mâle dans la collection de M. le baron de Chaudoir. C'est un type de Dejean, qui paraît l'avoir associé avec une femelle de l'*ovatus*.

— **8'** — Interstitio post-oculari oculis 4ª saltem parte superato.

Élytres à stries lisses ou peu notablement pointillées. Intervalle coxal ne dépassant pas la largeur de la cuisse intermédiaire.

13. — Pronoto angustiore, dimidiam elytrorum latitudinem modò parùm superante.

Pronotum à angles postérieurs d'un 10ᵉ environ moins avancés que le bord postérieur. Intervalle coxal à peu près de la largeur de la cuisse intermédiaire, d'un quart environ plus court que le pilier postérieur.

14. — Antennis 3ᵃᵐ basilarem elytrorum partem ferè æquantibus, art. 2º,4º paulo breviore. Pronoto, lateribus usquè ad angulos posticos convergentibus; angulis non aut vix erectis. Elytris latioribus, striis magis impressis, lateralibus distinctioribus.

15. — Niger, capite pronotoque vix fuscescentibus, antennis, excepta basi, pedibusque infuscatis. Pronoto anticè paulò magis quàm posticè constricto; angulis posticis retusis ferè rotundatis. — Long., 3,5-5ᵐᵐ.

Altis Pyrenæis, Marbore, nivibus, circa 2,000-2,500ᵐ — Julio. Rarò. *Nova species.*   9. **Kiesenwetteri**.

Cette espèce est extrêmement voisine des deux suivantes, mais ne se rencontre pas mélangée avec elles. J'en ai pris une quarantaine d'individus réunissant toutes les différences indiquées.

— **15'** — Piceus, castanescens, sutura elytrorum, capite pronotoque

disco utrinquè excepto, fulvescentibus ; antennis pedibusque dilutioribus.
Pronoto anticè et posticè æqualiter constricto ; angulis posticis acumine
sat acuto. — Long. 3,8ᵐᵐ.

Pyrenæis centralibus, Luchon, Maladetta, Port d'Oo ; nivibus.

KIESENW, *Ann. Soc. ent. fr.*, 1851, 386. — FAIRM. LAB., *Faun. Fr.* I. 149. **10. angusticollis.**

J'ai vu trois individus de cette espèce dans les collections de MM. de Chaudoir
et Ch. Brisout de Barneville : ils avaient été vérifiés par M. Von Kiesenwetter.

— **14**' — Antennis 4ᵃᵐ basilarem elytrorum partem non superantibus
art. 2⁰, 4⁰ æquali aut ferè majore. Pronoto lateribus in 8ᵃ aut 9ᵃ parte
apicali sinuato erectis. Elytris angustioribus striis minùs impressis lateralibus obsoletioribus. — Long., 3,2-4ᵐᵐ.

Altis Pyrenæis : nivibus ubiquè circa 2000-2500 ᵐ. Junio-novembre.
Non rarò.

FAIRM. LAB. *Faun. Fr.*, I, 149. **11. distinctus.**

D'un roux enfumé, passant quelquefois au brun. Pronotum aussi étroit en arrière qu'en avant; les bords latéraux un peu plus ou un peu moins redressés au-
devant des angles postérieurs qui sont émoussés, non proéminents en dehors.

— **13**' — Pronoto latiore, elytrorum 3ᵃ parte modo superato.

D'un noir brun passant au roux, surtout à la suture du pronotum et des élytres. Antennes ne dépassant pas le quart des élytres. Pronotum à peu près aussi
étroit en arrière qu'en avant.

16. — Interstitio post-oculari dimidia oculorum parte parùm longiore.
Pronoto, lateribus rectè aut intùs arcuatim usquè ad angulos posticos convergentibus; angulis ipsis paulò apertis, non aut vix erectis, marginem
posticum æquantibus, acumine solo leviter extùs prominulo.— Long. 3,3-
3,5ᵐᵐ.

Alpibus Helveticis (Splügen, Rosenlaü).
Species nova. **12. Schaumii.**

D'un brun plus dilué. Tête médiocre. Pronotum avec les angles postérieurs à
pointe aiguë. Intervalle coxal égal aux cuisses intermédiaires.

J'ai vu dans les collections cinq individus de cette espèce, étiquetés *Pertyi Heer*,
nom appliqué d'ailleurs à des espèces diverses. Schaum, qui avait sous les yeux
des individus vérifiés par M. Putzeys, a considéré le *Pertyi* comme une simple
variété du *lævipennis*, d'un brun clair.

— **16**' — Interstitio post-oculari dimidia oculorum parte breviore.
Pronoto, lateribus paulò curvatim usquè ad 8ᵃᵐ partem posticam convergentibus, ulteriùs usquè ad angulos erectis; angulis ipsis ferè rectis margine
postico 15ᵃ circiter parte anterioribus.

17. — Capite mediocri. Pronoto, angulis posticis acumine retuso non extùs prominente. Interstitio coxali 5ª parte femoribus mediis angustiore. — Long. 3-3,4ᵐᵐ.

Helvetia, Austria; in Alpibus editioribus.

HEER, *Faun. Helv.*, I, 122. — SCHAUM, *Ins. Deuts.*, 648.

13. lævipennis.

Je n'ai vu de cette espèce que trois individus d'Autriche, deux noirâtres à élytres convexes et marquées de stries légères; un autre à suture du pronotum et des élytres rousse, avec les élytres déprimées et plus profondément striées, réalisant les différences attribuées par Heer au *Pertyi*, à l'exception du pronotum, qui ne paraît pas plus allongé.

— 17' — Capite amplo, pronoti angulos anticos evidenter superante. Pronoto, angulis posticis acutis extùs prominentibus. Interstitio coxali femora media latitudine æquante. — Long. 3,3-4ᵐᵐ.

Tyrolia, Glaris, in Alpibus.

HEER, *Faun. Helv.* I, 121. — SCHAUM, *Ins. Deuts.*, 649.

14. glacialis.

Je n'ai vu que deux individus de cette espèce dans les collections Fairmaire et V. Bruck.

Il est à remarquer que les espèces comprises dans les groupes 8' 9' 10' et 11' qui toutes habitent les régions alpines, offrent entre elles la plus grande analogie de structure, et que les modifications qui les isolent dans l'intérieur d'un groupe particulier se reproduisent dans les autres. Ces modifications sont souvent si légères qu'on serait tenté de les considérer comme des variétés individuelles, si les individus qui les portent ne vivaient séparés les uns des autres. On serait encore engagé à ne voir dans les espèces d'un même pays que des races particulières, qui se conservent aisément dans les régions alpines où la belle saison est si courte, et où les moyens de communication sont si difficiles. Le fait de la reproduction de ces altérations sur des points fort éloignés serait de nature à confirmer cette opinion pour les espèces les plus voisines. Mais je ne pense pas qu'il soit prudent de tirer de là des conclusions plus étendues.

— 7' — Poris orbitalibus posticè divergentibus. Elytris tumidulis, 5ª circiter parte longioribus quàm latioribus.

Antennes ne dépassant pas le quart des élytres. Pronotum cordiforme, légèrement plus étroit en arrière qu'en avant; côtés convergeant en arrière en ligne courbe tout au plus jusqu'au 8ᵉ postérieur qui est brusquement redressé jusqu'aux angles: ceux-ci saillants en dehors et au niveau du bord postérieur. Élytres régulièrement elliptiques; stries superficielles ou effacées tout à fait sur les côtés, non ou peu visiblement pointillées. Intervalle coxal plus étroit que les cuisses intermédiaires, au plus égal à la moitié du pilier postérieur.

18. — Interstitio post-oculari oculos ferè æquante; antennis longiusculis, art. 2°, 4° evidenter longiore. — Long. 2,6-3,2^{mm}.

Austria, Dalmatia.

DEJEAN, *Sp. V*, 23. — SCHAUM, *Ins. Deuts.*, 655. 15. **limacodes.**

D'un roux un peu enfumé avec la suture des élytres un peu plus claire. Antennes atteignant le quart des élytres. Intervalle coxal ayant à peu près la largeur de la moitié de la cuisse intermédiaire et les deux cinquièmes du pilier postérieur.

J'ai vu dans la collection V. Bruck un individu étiqueté France méridionale. N'est-ce pas une erreur?

— **18'** — Interstitio post-oculari dimidiam oculorum partem non aut vix superante; antennis breviusculis 4^{am} basilarem elytrorum partem non æquantibus, art. 2°, 4° ferè æquali.

19. — Interstitio post-oculari dimidiam oculorum partem leviter superante. Interstitio coxali 3^{am} femorum mediorum, 4^{am} pilæ posterioris partem circiter æquante. — Long. 3,5-4,2^{mm}.

Silesia, Carniola.

PUTZ, *Stett., Zeit.*, 1847, 314. — SCHAUM, *Ins. Deuts.*, 653.

16. **lithophilus.**

Teinte d'un brun marron, souvent avec la suture plus claire, quelquefois d'un roux brun assez clair.

— **19'** — Interstitio post-oculari 3^{am} oculorum partem modo æquante. Interstitio coxali femoribus mediis 3^{a}, pila posteriore dimidia parte solùm angustiore. — Long. 4^{mm}.

Croatia.

DEJ., *Sp. V.* 22. — SCHAUM, *Ins. Deuts.*, 654. 17. **croaticus.**

D'un roux un peu rembruni sur le disque des élytres. Je n'ai vu qu'un seul exemplaire, type de Dejean, communiqué par M. de Chaudoir; il n'a pas les stries pointillées plus visiblement que chez les espèces voisines.

— **6'** — Elytris basi versùs insertionem brevius aut latius truncatis; marginibus non anteriùs sed transversim aut posteriùs convergentibus.

20. — Interstitio coxali pila posteriore longitudine superato.

Ailes rudimentaires.

21. — Elytris basi intùs vix aut breviter truncatis.

Pronotum d'un tiers environ moins large que les élytres; celles-ci à marge anté-scapulaire, arrondie, à 9e strie, atteignant en avant le niveau de la 4e.

22. — Poris orbitalibus divergentibus.

Élytres, à stries non ou peu visiblement pointillées, les latérales presque effacées. Intervalle coxal pas plus large que la cuisse intermédiaire.

23. — Pronoto angulis posticis marginem posticum æquantibus.

24. — Elytris ellipticis paulò convexioribus. Interstitio coxali femoribus mediis angustiore.

25. — Antennis 4ᵃᵐ elytrorum partem æquantibus. Pronoto angustiùs cordiformi posticè paulò magis quam anticè constricto. Elytris pronoto plus quam 3ᵃ parte latioribus. — Long. 3,5 - 4ᵐᵐ.

Styria. — Hungaria.

DUFT, *Faun. Austr.* II, 176. — SCHAUM, *Ins. Deuts.*, 652.

18. rotundipennis.

D'un brun marron irisé; la suture des élytres concolore, ou passant au roux seulement en arrière. Intervalle post-oculaire ayant les ²/₃ des yeux : antennes, art. 2 à peu près égal au 4ᵉ. Pronotum rétréci en arrière vers le 5ᵉ ou 7ᵉ postérieur, avec les angles à pointe aiguë un peu saillante en dehors. Intervalle coxal ayant les ²/₃ de largeur de la cuisse intermédiaire et les ³/₄ de la longueur du pilier postérieur.

— 25' — Antennis breviusculis. Pronoto transversim cordiformi posticè paulò minùs quam anticè constricto. Elytris 3ᵃ parte modò pronoto latioribus.

26. — Interstitio post-oculari 3ᵃ parte solùm oculis breviore. — Long. 3,-3,2ᵐᵐ.

Saxonia, Transylvania.

PUTZ, *Prem. Ent.* 59. — SCHAUM, *Ins. Deuts.*, 654.

19. pulchellus.

D'un brun inclinant au roux, surtout à la suture des élytres. Antennes, art. 2 plus long que le 4ᵉ. Intervalle coxal ayant les ²/₃ de la largeur de la cuisse intermédiaire et la moitié de la longueur du pilier postérieur.

— 26' — Interstitio post - oculari 4ᵃᵐ oculorum solùm partem æquante.

27. — Antennis art. 2º, 4º leviter longiore. Pronoto, lateribus vix antè angulos posticos erectis; angulis ipsis acumine retuso non prominulo. Interstitio coxali femoribus mediis 5ᵃ, pila posteriore 4ᵃ parte breviore. — Long. 3ᵐᵐ.

Styria.

DEJ., *Sp.* V. 23. — SCHAUM, *Ins. Deuts.*, 656. **20. rotundatus.**

Je n'ai vu qu'un seul mâle d'un brun roux, type de Dejean, communiqué par M. de Chaudoir.

— **27'** — Antennis art. 2o, 4o æquali. Pronoto, lateribus in 9ª vel
10ª parte postica subitò erectis; angulis posticis acumine acuto extùs
prominulo. Interstitio coxali femoribus mediis 3ª parte angustiore, pilæ
posterioris dimidia parte vix longiore. — Long. 3,5-4ᵐᵐ.

Transylvania.

SCHAUM, *Berlin*. 1862. 264.　　　　　　　**21. marginalis**.

D'un brun roux qui s'éclaircit souvent sur le pronotum et la suture des élytres; les antennes quelquefois rembrunies.

— **24'** — Elytris ponè medium leviter latioribus, supra depressius-
culis. Interstitio coxali femoribus mediis æquali. — Long. 3,2-3,5ᵐᵐ.

Pyrenæis orientalibus et centralibus, prope rivulos.

KIESENWETTER, *Ann. Soc. Fr.*, 1851. 389. — FAIRM. LAB., *Faun. Fr.*
I. 150.　　　　　　　**22. pinguis**.

D'un brun inclinant au roux, surtout à la suture et à la marge des élytres. Intervalle post-oculaire à peu près égal à la moitié de l'œil. Antennes atteignant le
2ᵉ quart des élytres; art. 2 plus long que le 4ᵉ. Pronotum un peu plus étroit en
arrière qu'en avant; côtés assez brusquement rétrécis vers le 10ᵉ postérieur,
jusqu'aux angles qui ont la pointe aiguë, un peu saillante en dehors. Intervalle
coxal ayant les ³/₄ du pilier postérieur.

Cette espèce, comparée aux autres Trechus pyrénéens, ne peut être confondue
qu'avec le *distigma* qui a les mêmes gîtes. Ses yeux plus grands, ses élytres
plus courtes et plus élargies en arrière, un peu arrondies à la base, avec la 9ᵉ strie
continuée en avant jusqu'au niveau de la 4ᵉ avant sa déviation, l'en séparent nettement.

— **23'** — Pronoto, angulis posticis margine postico 15ª parte circiter anterioribus.

Intervalle post-oculaire égal au tiers environ de l'œil. Pronotum transversalement cordiforme; non ou à peine plus étroit en arrière qu'en avant; côtés convergeant en ligne presque droite jusqu'au 9ᵉ ou 10ᵉ environ qui est redressé jusqu'à l'angle postérieur. Élytres peu convexes. Intervalle coxal égal aux ³/₄ du
pilier postérieur.

28. — Antennis breviusculis et paulo crassioribus; art. 2o quinta vel
etiam quarta parte superante. — Long. 2,8-3,2ᵐᵐ.

Pyrenæis orientalibus. Nivibus. Non rarò.

DEJ. *Sp.* V. 21. — FAIRM. LAB. *Faun. Fr.* I. 150.　**23. pyrenæus**.

D'un brun marron, passant quelquefois en entier au testacé à peine rembruni.
Pronotum avec les angles postérieurs à pointe aiguë, un peu saillante en dehors.
Élytres en ellipse assez courte, le plus souvent un peu élargie en arrière. Inter-
valle coxal aussi large que la cuisse intermédiaire.

J'ai eu sous les yeux les types de Dejean.

— **28'** — Antennis paulò tenuioribus, 4ᵃᵐ basilarem elytrorum partem æquantibus, art. 2ᵒ, 4ᵒ vix aut non longiore.

29. — Pronoto, angulis posticis subacutis, acumine acuto extùs prominulo. Interstitio coxali femoribus æquali. — Long. 3,2-3,5mm.

Pyrenæis orientalibus in muscis.

Kiesenwetter, *Ann. Soc. Fr.* 1851. 387. — Fairm. Lab. *Faun. Fr.* I. 149. **24. latebricola.**

D'un brun tournant au châtain.

J'ai vu quatre individus dans les collections Chaudoir et V. Bruck. Ceux de M. de Chaudoir viennent de M. V. Kiesenwetter. Ils offrent la plus grande ressemblance avec le *Pyrœneus* Dej. Ils n'en diffèrent proprement que par leurs antennes un peu plus grêles et plus allongées, leur taille un peu plus forte et leur habitat particulier. Les angles postérieurs du pronotum ne sont pas « *oblusiusculis haud prominulis* » comme on le voit dans la description de l'auteur, mais plutôt *acutiusculis*, par suite de la saillie de la pointe en dehors. Les stries des élytres n'offrent qu'une ponctuation indécise.

— **29'** — Pronoto, angulis posticis subapertis acumine ferè retuso, non extus prominulis. Interstitio coxali femoribus mediis 5ᵃ parte angustiore. — Long. 2,8-3,2mm.

Basses-Alpes, Faillefeu.

Species nova. **25. Delarouzei.**

Roux passant quelquefois au châtain sur le disque des élytres. J'ai dédié cette espèce à Delarouzée qui l'avait rapportée de ses voyages.

— **22'** — Poris orbitalibus non divergentibus.

Pronotum avec les angles postérieurs à pointe aiguë, un peu saillante.

30. — Interstitio post-oculari dimidiam circiter oculorum partem æquante. Pronoto cordiformi anticè et posticè ferè æqualiter constricto; lateribus in 7ᵃ postica ferè parte erectis; angulis posticis marginem posticum æquantibus.

Teinte d'un brun marron passant au roux, surtout sur le pronotum et la suture des élytres; antennes quelquefois obscurcies.

31. — Antennis breviusculis, art. 2ᵒ, 4ᵒ longiore, 3ᵒ fere æquali. Elytris brevioribus. Interstitio coxali 4ᵃ femorum mediorum parte superato. — Long. 3-3,5mm.

Tyrolia.

Schaum, *Ins. Deuts.*, 647. **26. sinuatus.**

Élytres à stries légères, non ou peu visiblement pointillées. Intervalle coxal presque d'un tiers moindre que le pilier postérieur. Ressemble fort au *Tr. strialulus*.

— 3I' — Antennis 4ᵃᵐ basilarem elytrorum partem æquantibus art. 2º, 4º æquali aut paulò breviore, 3º evidenter breviore. Elytris angustatis. Interstitio coxali femoribus mediis latitudine æquali aut majore.

32. — Elytris, striis sat conspicuè punctulatis. Interstitio coxali femoribus mediis 4ᵃ parte circiter latiore, pilæ posteriori æquali.— Long. 3,3-3,7ᵐᵐ.

Hispania, La Granja.

GRAELLS, *Mém. Acad.* 1858. 40. **27. piciventris.**

Variété entièrement rousse à ventre brun.

— 32' — Elytris, striis ferè lævibus. Interstitio coxali femoribus mediis æquali, pila posteriore 5ᵃ aut vix 4ᵃ parte superato. — Long. 4-4,2ᵐᵐ.

Transylvania.

DEJ. *Sp.* V. 20. **28. bannaticus.**

— 30' — Interstitio post-oculari oculos 5ᵃᵐ ferè parte superante. Pronoto transversim cordiformi posticè evidenter minùs quam anticè constricto ; lateribus in 9ᵃ circiter parte postica erectis, angulis posticis 16ᵃ circiter parte margine postico anterioribus. — Long. 4,5-5,5ᵐᵐ.

Altis Pyrenæis Gazost : 1200ᵐ circiter ; propè rivulum sub foliis deciduis ; junio desinente ; semel captus.

Nova species. **29. Grenieri.**

D'un brun châtain qui paraît s'éclaircir d'une manière presque uniforme ; antennes et pattes ferrugineuses. Antennes atteignant le quart des élytres ; art. 2ᵉ un peu plus court que le 4ᵉ. Élytres largement elliptiques ; stries un peu marquées sur les côtés, à pointillé très-serré et très-fin, peu visible. Intervalle coxal ayant les ²/₃ de la largeur de la cuisse intermédiaire et dépassant à peine la longueur de la moitié du pilier postérieur.

Cette espèce a été dédiée au docteur Grenier, de Paris, promoteur de ce travail.

— 21' — Elytris basi intùs latiùs truncatis.

Le plus souvent, la marge anté-scapulaire, qu'il ne faut pas confondre avec le rebord qui se recourbe avec la 9ᵉ strie dans sa réunion à la 5ᵉ, se présente sous une forme anguleuse, ce qui rend plus manifeste la troncature de la base des élytres.

33. — Interstitio coxali femoribus mediis angustiore aut æquali. Elytris 5ᵃ circiter parte longioribus quàm latioribus.

Antennes atteignant seulement le quart des élytres. Pronotum, angles posté-

10

rieurs à pointe aiguë au niveau du bord postérieur. Élytres elliptiques, à stries non ou peu visiblement pointillées, la 9ᵉ n'atteignant pas le niveau de la 4ᵉ. Intervalle coxal inférieur au pilier postérieur.

34. — Poris orbitalibus non divergentibus.

Intervalle coxal plus étroit que la cuisse intermédiaire.

35. — Interstitio post-oculari dimidiam ferè oculorum partem æquante. Elytris, stria 9ᵃ anticè 5ᵃᵐ vix æquante. — Long. 5,5-6ᵐᵐ.

Altis Pyrenæis, Mt-Aigu, Pic du Midi, circa 1500-2000ᵐ. Prope rivulos sub lapidibus. — Junio-octobre.

Nova species.   30. **Bonvouloiri.**

En entier d'un noir brillant un peu irisé; pattes, palpes et antennes testacés. Pores orbitaires légèrement convergents. Antennes; art. 2 notablement plus court que le 4ᵉ. Pronotum transversal, mais fortement cordiforme, ayant les ²/₃ de la largeur des élytres, un peu moins étroit en arrière qu'en avant; les côtés convergeant en arrière en ligne courbe jusqu'au 5ᵉ ou 6ᵉ postérieur qui est brusquement redressé jusqu'à l'angle postérieur; celui-ci un peu saillant en dehors, à pointe aiguë. Élytres largement elliptiques; stries latérales fines, mais bien visibles. Intervalle coxal à peu près égal aux ³/₄ de la cuisse intermédiaire et aux ²/₃ du pilier postérieur.

Cette belle espèce est dédiée à M. le vᵗᵉ H. de Bonvouloir, qui l'a découverte également.

— 35' — Interstitio post-oculari 3ᵃᵐ oculorum partem non superante.

36. — Pronoto transversim cordiformi, lateribus posticè curvatim convergentibus, in 8ᵃ saltem parte postica constricto erectis. Elytris stria 9ᵃ anticè 5ᵃᵐ leviter superante. Interstitio coxali dimidiam pilæ posterioris partem circiter æquante. Antennis, excepta basi, fumigatis.

37. — Pronoto amplo, 4ᵃ solum elytrorum parte superato; lateribus fortiter curvatis, in 6ᵃ parte postica constricto-erectis. Elytris paulò brevioribus. Interstitio coxali vix dimidiam femorum mediorum partem superante.

38. — Antennis art. 2º, 4º paululùm breviore. Pronoto anticè paulo magis quam posticè constricto. Niger cyanescens, art. 2º antennarum rufo. — Long. 4-4,5ᵐ.

Transylvania. Styria.

Putz. *Stett. Zeit.* 1847. 310. — Schaum, *Ins. Deuts.*, 651.

31. **latus.**

— 38' — Antennis articulo secundo fusco, quarto paululùm longiore.

Pronoto anticè paulò minùs quàm posticè constricto. Castaneo-fulvescens.
— Long. 4,2-5ᵐᵐ.

Styria alpina.

Scнaum, *Ins. Deuts.*, 654.   32. **constrictus.**

Je n'ai vu que deux individus, l'un de la collection Dejean, à M. de Chaudoir,
l'autre à M. de Bonvouloir. Leur extrême ressemblance avec le *latus* est de nature à provoquer de nouvelles recherches.

— **37'** — Pronoto angustiore, 3ᵃ elytrorum parte superato ; lateribus
leviter curvatis, in 8ᵃ parte postica solum constricto-erectis. Elytris paulò
angustioribus. Interstitio coxali femoribus mediis 3ᵃ parte solum angustiore. — Long. 4-4,5ᵐᵐ.

Alpibus Pedemontanis, Mt Viso.

Nova species.   33. **Aubei.**

D'un brun marron un peu plus foncé et un peu irisé sur les élytres. Antennes,
art. 2ᵉ à peine plus court que le 4ᵉ. Pronotum un peu moins étroit en arrière
qu'en avant.

J'en ai vu trois individus dans les collections Aubé et Fairmaire (sous le nom
inédit de *Fuscicornis* Schaum).

— **36'** — Pronoto quadratim cordiformi ; lateribus posticè rectè vel
intùs paulò arcuatim convergentibus, versùs angulos modo paulatim erectis. Elytris, stria 9ᵃ anticè 5ᵃᵐ modo æquante. Interstitio coxali 5ᵃ pilæ
posterioris parte solùm superato. Antennis dilutioribus. — Long. 3,2-
3,5ᵐᵐ.

Alpibus maritimis.

Species nova.   34. **Putzeysi.**

D'un brun châtain un peu irisé, passant au roux sur les marges. Antennes ;
art. 2ᵉ à peine plus court que le 4ᵉ. Pronotum ayant les ²/₃ de la largeur des élytres, moins étroit en arrière qu'en avant. Élytres en ellipse un peu allongée ; stries
latérales un peu effacées. Intervalle coxal ayant les ³/₄ de la largeur des cuisses
intermédiaires.

J'ai vu seulement deux individus de cette espèce dans la collection Fairmaire.
Je l'ai dédiée à M. Putzeys comme un témoignage de mon estime pour ses travaux.

— **34'** — Poris orbitalibus divergentibus.

Teinte d'un brun noir irisé sur les élytres, tournant au brun roux sur le pronotum surtout. Antennes à 2ᵉ article à peu près égal au 4ᵉ. Pronotum à peine
plus large en arrière qu'en avant. Élytres à stries obsolètes latéralement.

39 — Pronoto lateribus in 8ᵃ circiter parte postica constricto-erectis.
Elytris, striis dorsalibus tenuibus. Interstitio coxali 3ᵃ parte pilæ poste-

rioris superato. Antennis, excepta basi, fuscis; femoribus picescentibus. — Long. 3,4-3,8ᵐᵐ.

Silesia. Græcia.

Putz. *Stett. Zeit.* 1847. 311. — Schaum, *Ins. Deuts.*, 650.

35. striatulus.

Intervalle post-oculaire réduit au tiers de l'œil environ. Pronotum ayant les ²/₃ de la largeur des élytres seulement; angles aussi avancés que le bord postérieur. Intervalle·coxal égal environ aux ²/₃ de la cuisse intermédiaire.

— 39' — Pronoto lateribus ferè usque ad angulos convergentibus; angulis ferè solis constricto-erectis. Elytris, striis dorsalibus profundis. Interstitio coxali 4ᵃ pilæ posterioris parte superato. Antennis pedibusque testaceis.

40. — Interstitio post-oculari 3ᵃᵐ oculorum partem vix æquante. Pronoto latiore, 4ᵃ solùm elytrorum parte superato; angulis posticis margine postico paulò anterioribus. Interstitio coxali 4ᵃ ferè parte femoribus mediis angustiore. — Long. 3,2-3,7ᵐᵐ.

Styria, Silesia, in muscis humentibus.

Schaum, *Ins. Deuts.*, 644.

36. micans.

— 40' — Interstitio post-oculari dimidiam oculorum partem superante. Pronoto angustiore, elytris 3ᵃ parte superato; angulis posticis marginem posticum æquantibus. Interstitio coxali femoribus mediis æquali.— Long. 3,5-4,2ᵐᵐ.

Hautes et Basses–Pyrénées, 700-1200ᵐ. Junio-septembre, muscis et foliis deciduis. Non rarò.

Kiesenwetter, *Ann. Soc. Fr.* 1851. 389. — Fairm. Lab. *Faun. Fr.* I. 150.

37. distigma.

— 33' — Interstitio coxali femora media latitudine superante. Elytris 4ᵃ circiter parte longioribus quam latioribus.

41. — Interstitio post-oculari oculis dimidia saltem parte superato; poris orbitalibus divergentibus. Pronoto anticè paulò magis quàm posticè constricto; lateribus paulò ante angulos posticos modo constricto-erectis. Elytris stria 9ᵃ 5ᵃᵐ æquante aut vix superante.

42. — Elytris latiùs ovatis, pronoto 3ᵃ circiter parte latioribus.

Presque toujours les angles postérieurs du pronotum sont un peu moins avancés que le bord postérieur.

43. — Pronoto posticè vix minùs quàm anticè constricto. Elytris, striis sat conspicuè punctulatis.

44. — Interstitio post-oculari dimidiam ferè oculorum partem æquante. Pronoto transversim cordiformi. Interstitio coxali femoribus mediis æquali, 4ᵃ vel 5ᵃ parte pilæ posterioris superato. — Long. 3,8-4,2ᵐ.

Gallia orientali (Beaujolais). Rarò. — Lombardia. Germania orientali. Frequentior.

Dej. *Sp.* V. 9. (*palpalis*, Duft.). — Fairm. Lab. *Faun. Fr.* I. 151. — Schaum, *Ins. Deuts.*, 643.   **38. palpalis.**

D'un brun un peu irisé tournant presque uniformément au roux. Antennes dépassant légèrement le quart des élytres; art. 2ᵉ égal au 4ᵉ ou un peu plus court. Ailes rudimentaires.

Cette espèce est un peu variable; mais les diverses modifications ne se soutiennent pas. Schaum rapporte le *palpalis* Duft. au *rubens*. Celui-ci est bien celui de Dejean dont j'ai eu de nombreux types.

— **44'** — Interstitio post-oculari 3ᵃᵐ oculorum parte circiter æquante. Pronoto subquadratim cordiformi. Interstitio coxali femoribus mediis 4ᵃ parte circiter longiore, pilæ posteriori fere æquali. — Long. 5-5,3ᵐᵐ.

Alpibus maritimis.

Species nova.   **39. Fairmairei.**

D'un brun irisé passant assez brusquement au roux testacé sur les côtés et l'extrémité des élytres. Antennes dépassant un peu le quart des élytres. Art. 2ᵉ plus court que le 4ᵉ.

J'ai eu sous les yeux deux exemplaires mâles de la collection Fairmaire.

— **43'** — Pronoto posticè evidenter minùs quàm anticè constricto. Elytris striis lævibus. — Long. 4,3-5ᵐᵐ.

Sicilia, Algeria.

Dej. *Sp.* V. 15.   **40. rufulus.**

D'un roux un peu rembruni sur le dos des élytres qui est irisé. Intervalle oculaire réduit au quart de l'œil environ. Antennes atteignant seulement le quart des élytres; art. 2ᵉ notablement plus petit que le 4ᵉ. Intervalle coxal à peu près de la largeur de la cuisse intermédiaire, de ¹/₅ inférieur au pilier postérieur.

— **42'** — Elytris angustè subovatis, pronoto 4ᵃ parte modò latioribus. — Long. 5-5,5ᵐᵐ.

Gallia, Mt Dore.

Fairm. *Ann. Soc. Fr.* 1859. *Bull.* 149.   **41. amplicollis.**

D'un noir brunâtre un peu irisé qui passe uniformément au ferrugineux. Intervalle oculaire réduit à peu près au quart de l'œil. Antennes ne dépassant pas le quart des élytres; art. 2ᵉ à peu près égal au 4ᵉ. Pronotum peu transversal, un peu moins étroit en arrière qu'en avant, brusquement rétréci au-devant des angles postérieurs qui ont la pointe aiguë saillante en dehors et au niveau du bord pos-

térieur. Élytres à stries profondes, les latérales bien marquées, visiblement pointillées. Intervalle coxal faiblement plus grand que la cuisse intermédiaire, d'un
quart environ plus court que le pilier postérieur.

J'ai vu trois individus de cette espèce dans les collections Fairmaire et Ch.
Brisout de Barneville.

— 41' — Interstitio post-oculari oculis non aut vix breviore; poris
orbitalibus posticè convergentibus. Pronoto anticè æqualiter aut ferè
minùs quàm posticè constricto; lateribus in 6ª aut 7ª parte postica
constricto-erectis. Elytris, stria 9ª anticè 4ᵃᵐ æquante.— Long. 5-5,5ᵐᵐ.
Alpibus Pedemontanis.

COMOLLI. *Col. Novoc.* 13. — PUTZ. *Stett. Zeit.* 1847. 305.42. **Longhii.**

D'un roux foncé uniforme avec les pattes et les antennes plus claires. Antennes
atteignant le tiers des élytres; art. 2ᵉ plus petit que le 4ᵉ. Pronotum peu transversal, ayant les ⅔ de la largeur des élytres; les angles postérieurs à pointe aiguë
assez saillante en dehors et au niveau du bord postérieur. Élytres à peu près en
ellipse assez étroite, la marge anté-scapulaire bien arrondie. Stries assez bien
marquées et assez visiblement pointillées. Intervalle coxal à peine plus large que
les cuisses intermédiaires, d'un quart plus court que les piliers postérieurs.

Je n'ai vu que deux exemplaires de la collection de M. de Chaudoir. Ils ont les
fossettes basilaires du pronotum contiguës à la marge latérale, par suite de l'af-
faissement du relief. Leur physionomie est très-voisine de celle du *procerus*. La
forme de la marge basilaire des élytres et la dimension de l'intervalle coxal l'en
séparent nettement.

— 20' —· Interstitio coxali pilam posteriorem evidenter superante.

Pronotum ayant les ⅔ de la largeur des élytres, notablement moins étroit en
arrière qu'en avant. Élytres largement tronquées à la base; stries visiblement
pointillées, la 9ᵉ débordant un peu la 5ᵉ sans atteindre la 4ᵉ.

45. — Poris orbitalibus parallelis. Antennis 3ᵃᵐ basilarem elytrorum
partem saltem æquantibus. Pronoto, angulis posticis omnino vel ferè marginem posticum æquantibus. Elytris 3ª circiter parte longioribus quàm
latioribus marginibus basi transversim convergentibus; stria 9ª 5ᵃᵐ non
aut vix superante.

46. — Interstitio post-oculari dimidia oculorum parte breviore. Elytris,
striis lateralibus obsolescentibus. Interstitio coxali femoribus mediis fere
duplo, pila posteriore sesquilatiore. — Long. 5-6-3ᵐᵐ.
Europa boreali et media. Strasbourg.

FABRICIUS. *Syst. El.* 1. 487.— FAIRM. LAB. *Faun. Fr.* I. 448. (*Pallido-
sus. Gyll.*) — SCHAUM, *Ins. Deuts.*, 638.   43. **rubens.**

D'un brun plus foncé en avant, passant au roux sur les élytres, avec des ré-
serves d'un brun irisé. Antennes atteignant le tiers des élytres; 2ᵉ art. à peine

plus court que le 4e. Pronotum presque carrément cordiforme; côtés redressés insensiblement vers le 6e postérieur; l'angle postérieur droit à pointe aiguë un peu saillante en dehors Élytres en ovale étroit allongé. Ailes développées.

C'est probablement par erreur que Dufour (*Zones entomologiques*, 18) a indiqué cette espèce comme des Pyrénées occidentales.

— **46'** — Interstitio post-oculari dimidiam oculorum partem æquante. Elytris, striis lateralibus benè impressis. Interstitio coxali femora media 4^a, pilam posteriorem 5ª solùm parte superante.

D'un roux uniforme un peu enfumé. Ailes rudimentaires.

47. — Antennis 3^{am} basilarem elytrorum partem superantibus, art. 2°, 4° evidenter breviore.

48. — Paulò angustior. Antennis tenuioribus. Pronoto lateribus anticè minus rotundatis, posticè paulò curvatim fere usque ad angulos convergentibus. — Long. 5-6^{mm}.
Anglia (Wight, Portsmouth).
Dawson. *Geodeph. Brit.* 1854. 168.   44. **lapidosus**.

— **48'** — Paulò latior. Antennis paulò validioribus. Pronoto, lateribus anticè magis rotundatis, posticè recte aut leviter intùs arcuatim convergentibus, paulò antè angulos leviter et paulatim erectis. — Long. 5,3-6,2^m.
Algiria, Tanger.
Fairm. *Ann. Soc. Fr.* 1858. 783.   45. **Lallemanti**.

— **47'** — Antennis 3^{am} basilarem elytrorum partem vix æquantibus, art. 2°, 4° subæquali. — Long. 5^m.
Hispania, Lusitania.
Dej. *Sp.* V. 10. — Putz. *Stett. Zeit.* 1847. 306. — Fairm. Lab. *Faun. Fr.* I. 150.   46. **fulvus**.

Je n'ai vu que deux individus, l'un à M. Aubé, l'autre à M. de Chaudoir, venant de Dejean. Ils ont un pronotum intermédiaire à ceux des deux espèces précédentes. Il me semble très-probable que ces trois espèces qui précèdent ne sont que des modifications de la même. Les individus de la même provenance offrent entre eux des écarts aussi marqués. Si l'on observe que ces espèces vivent sur le littoral maritime, on sera moins frappé de la différence de leur patrie; et on expliquera par le changement de climat les petites particularités qui les séparent.

MM. Fairmaire et Laboulbène, dans la *Faune française*, indiquent, d'après la collection Reiche, les Pyrénées comme l'habitat du *fulvus*; il est très-probable qu'il s'agit du littoral et non de la région montueuse.

— **45'** — Poris orbitalibus divergentibus : antennis 4^{am} basilarem elytrorum partem non superantibus. Pronoto, angulis posticis marginem

posticum evidenter non æquantibus. Elytris 4ᵃ circiter parte solum longioribus quam latioribus; marginibus ante-scapularibus leviter rotundato-
angulatis, basalibus posterius leviter convergentibus; stria 9ᵃ 4ᵃᵐ ferè
omninò æquante.

Ailes rudimentaires.

49. — Oculis porum orbitalem posticum non æquantibus.

50. — Interstitio post-oculari ferè dimidiam oculorum partem æquante:
antennis, art. 2°, 4° subæquali. Elytris, striis omnibus benè impressis.
Interstitio coxali femora media 3ᵃ, pilam posteriorem 5ᵃ solùm parte superante. — Long. 4,8-5ᵐᵐ.

Gallia, St-Raphaël, Hyères.

Nova species.   47. **Raymondi**·

D'un roux brun presque uniforme.
J'ai dédié cette espèce à M. Raymond de Fréjus, qui en a fait la découverte.

-- **50'** — Interstitio post-oculari vix 3ᵃᵐ oculorum partem æquante:
antennis, art 2°, 4° evidenter breviore. Elytris, striis minùs impressis·
Interstitio coxali femoribus mediis sesquilatiore, pilam posteriorem
3ᵃ parte superante. — Long. 4,8-5ᵐᵐ.

Græcia, Imeritia (Batoum).
Dej. *Sp.* V. 18.   48. **subnotatus.**

D'un roux brun : élytres testacées avec la partie suturale presque rembrunie·
J'ai vu trois individus dans les collections Fairmaire et Aubé.

— **49'** — Oculis porum orbitalem posticum æquantibus. — Long.
3,2-4ᵐᵐ.

Austria.
Dej. *Sp.* V. 15. — Schaum, *Ins. Deuts.*, 639.   49. **Austriacus.**

Brun sur la tête et le pronotum, roux brun un peu irisé sur les élytres. Intervalle post-oculaire réduit presque au quart de l'œil. Antennes avec l'article 2ᵉ à
peine plus court que le 4ᵉ. Élytres oblongues assez étroites, comme chez le *minutus*; stries latérales seules obsolètes. Intervalle coxal égal à une fois et demie la
largeur de la cuisse intermédiaire et à une fois et un quart la largeur du pilier
postérieur.

— **5'** — Pronoto fossulis posticis obsolescentibus aut ferè nullis.

Pores orbitaires divergents; antennes, art. 2ᵉ à peu près égal au 4ᵉ. Pronotum
ample, ayant les ³/₄ de la largeur des élytres, notablement plus rétréci en avant
qu'en arrière. Elytres, 9° strie atteignant presque le niveau de la 4ᵉ.

51. — Interstitio post-oculari 4ᵃᵐ vix oculorum partem æquante : antennis 4ᵃᵐ circiter basilarem elytrorum partem æquantibus. Pronoto forti·

ter transverso, lateribus curvatim usquè ad angulos posticos convergentibus; angulis ipsis marginem posticum non æquantibus. Elytris leviter
convexioribus; marginibus ante-scapularibus rotundato-subangulatis, basalibus posteriùs leviter convergentibus; striis lævibus lateralibus obsoletis.

D'un brun passant au roux, mais la tête au moins brune. Pronotum à sillon
médian bien marqué en arrière.

52. — Oculis porum orbitalem posticum saltem attingentibus. Pronoto
angulis posticis 8ᵃ saltem parte margine postico anterioribus. Interstitio
coxali femora media et pilam posteriorem longè superante.

53. — Pronoto angulis posticis vix erectis, acumine valdè apertis, cum
truncatura postica ferè rotundatis. Castaneo-fulvescens.

54. — Oculis porum orbitalem posticum paululùm superantibus : interstitio post-oculari 6ᵃᵐ solùm oculorum partem æquante. Elytris, striis
paulò magis conspicuis. Interstitio coxali femoribus mediis ferè duplò latiore, pilam posteriorem 3ᵃ parte superante. Alatus. — Long. 3,5-4,4ᵐᵐ.
Tota Europa, Syria, Transcaucasia. Ubique, vulgaris, toto anno.
    FABRICIUS, Syst. El. I. 210. — DEJ. Sp. V. 12 (rubens). — FAIRM. LAB.
Faun. Fr. I. 148. — SCHAUM, Ins. Deuts., 640.   50. **minutus**.

Châtain passant le plus souvent au roux, surtout sur les épaules et les côtés des
élytres : celles-ci le plus souvent en ovale oblong, presque elliptiques.

— 54' — Oculis porum orbitalem posticum vix æquantibus; interstitio post-oculari 4ᵃᵐ circiter oculorum partem æquante. Elytris, striis
obsoletioribus. Interstitio coxali femora media 3ᵃ, pilam posteriorem 5ᵃ
circiter parte superante. Apterus. — Long. 3,9-4,8ᵐᵐ.
    Europa boreali aut montana.
    ERICH. Kaf. Mark. 122. — FAIRM. LAB. Faun. Fr. I. 148. — SCHAUM,
Ins. Deuts., 641.   51. **obtusus**.

D'un châtain qui passe presque uniformément au roux. Élytres généralement
plus courtes et ovalaires.

Tous les auteurs, à la suite d'Erichson, ont séparé l'obtusus du minutus, et
Schaum a bien résumé les différences. Moi-même, j'y ai ajouté deux autres con-
sidérations tirées de la dimension des yeux et du métasternum. Quand on
prend pour base ces derniers caractères, qui d'ailleurs jouent un si grand rôle
dans la caractéristique des Trechus, on s'aperçoit que les différences spécifiques
ndiquées par Schaum sont illusoires. Mais si on divise en deux groupes formés
sur les individus étroits et les individus ovalaires, on remarque, surtout chez les
derniers, des variations assez considérables dans les dimensions relatives du
métasternum. Schaum avait déjà signalé ce fait chez l'obtusus, et l'avait attribué
à l'atrophie des muscles alaires. Mais il est clair que si la raison est bonne pour

réunir spécifiquement les diverses variétés de l'*obtusus*, elle peut être invoquée pour réunir au *minutus* l'*obtusus* lui-même.

— **53'** — Pronoto angulis posticis erectis, acumine paulò retuso, sed cum truncatura postica ferè recto. Fusco-niger, vix in sutura postica elytrorum dilutior — Long. 3,5-3,8^{mm}.

Carniolia.

Putz. *Stett. Zeit.* 1847. 306. — Schaum, *Ins. Deuts.*, 642.

52. nigrinus, Putz.

Yeux débordant le pore oculaire postérieur. Intervalle post-oculaire réduit au 5e ou 6e de l'œil. Élytres à côtés presque droits et parallèles, à peine plus larges en arrière. Ailes développées. Intervalle coxal presque égal à deux largeurs de la cuisse intermédiaire, et à une fois et deux tiers la longueur du pilier postérieur.

— **52'** — Oculis porum orbitalem posticum non attingentibus. Pronoto angulis posticis 12^a vel 15^a circiter parte margine postico solùm anterioribus. Interstitio coxali femora media latitudine vix æquante, pila posteriore 5^a vel 4^a circiter parte superato. — Long. 4-4,3^{mm}.

Hispania Bor., Reynosa.

Species nova. 63. **Barnevillei**.

Brun châtain uniforme comme l'*obtusus*. Intervalle post-oculaire ayant au moins le quart de l'œil. Pronotum, angles postérieurs droits à pointe aiguë, un peu saillante en dehors. Élytres en ellipse un peu élargie en arrière. Ailes rudimentaires.

J'ai dédié cette espèce à M. Brisout de Barneville, qui l'a rapportée et m'en a soumis deux individus.

— **51'** — Interstitio post-oculari dimidiam oculorum partem evidenter superante : antennis dimidiam ferè elytrorum partem attingentibus. Pronoto longiore, leviter cordiformi; lateribus rectè, aut intùs leviter arcuatim ferè usquè ad angulos posticos convergentibus; angulis ipsis marginem posticum æquantibus. Elytris, depressis marginibus basi subtruncatis, aut anterius leviter convergentibus; striis evidenter punctulatis, lateralibus sat impressis. — Long. 3,7^{mm}.

Algiria, Constantine.

Fairmaire, *Ann. Soc. Fr.* 1866. 18. 54. **curticollis**.

D'un roux uniforme ou légèrement rembruni sur le milieu des élytres. Pronotum un peu plus carré; angles postérieurs droits à pointe aiguë, un peu saillante en dehors: sillon médian et sillons courts presque oblitérés à la base. Intervalle coxal de la largeur de la cuisse intermédiaire et de la longueur du pilier postérieur.

Cette espèce rappelle un peu le T. *strigipennis* Ksw. J'en ai vu trois exemplaires envoyés à M. Fairmaire par M. Hénon de Constantine.

— **4'** -- Elytris, interstitio 3º cum poro setigero ultimo versùs 4ᵃᵐ aut 6ᵃᵐ saltem posticam partem disposito, lateribus abruptè decumbentibus.

Pores orbitaires divergents. Intervalle oculaire réduit au tiers de l'œil environ. Antennes atteignant le quart des élytres; art. 2ᵉ un peu plus court que le 4ᵉ. Pronotum transversal à peu près aussi rétréci aux angles antérieurs qu'aux postérieurs; côtés fortement courbés jusqu'aux angles postérieurs qui sont émoussés, sillon médian bien marqué en arrière. Élytres en ovale oblong, d'un quart environ plus longues que larges ensemble; stries latérales obsolètes, la 2ᵉ et surtout la 3ᵉ effacées vers l'extrémité, la 9ᵉ atteignant le niveau de la 4ᵉ en avant.

55. — Pronoto elytris 4ᵃ parte circiter angustiore; angulis posticis non aut vix erectis, late apertis, 6ᵃ aut 7ᵃ parte margine posticò anterioribus; fossulis posticis obsoletis. Elytris basi marginibus paulò anteriùs convergentibus; striis evidenter punctatis, dorsalibus minùs impressis; interstitio 3º cum poro ultimo versùs 5ᵃᵐ aut 6ᵃᵐ partem posticam disposito. — Long. 3-4ᵐᵐ.

Europa boreali et media; in Gallia rariùs.

PAYK. *Faun. Suec.* I. 146. — FAIRM. LAB. *Faun. Fr.* I. 149, — SCHAUM. *Ins. Deuts.*, 657.   55. **secalis.**

D'un brun passant au roux. Pronotum fort convexe, presque deux fois aussi large que long, paraissant comme arrondi en arrière; la gouttière latérale continuée, par une strie profonde à peine angulée, jusqu'au sillon médian. Intervalle coxal à peine plus large que la cuisse intermédiaire, de ¼ plus court que le pilier postérieur.

— **55'** — Pronoto elytris 3ᵃ parte circiter angustiore; angulis posticis rectis, parùm constricto-erectis, marginem posticum æquantibus, fossulis posticis profundis. Elytris basi marginibus rotundatis, breviùs transversim truncatis; striis ferè lævibus, dorsalibus profundis sulciformibus; interstitio 3º cum poro ultimo versùs 4ᵃᵐ posticam partem disposito. — Long. 5ᵐᵐ.

Europa boreali. Rarissimè.

GYLL. *Ins. Suec.* 11. 33. — SCHAUM, *Ins. Deuts.*, 656. 56. **rivularis.**

Je n'ai vu, dans la collection de M. de Chaudoir, qu'un seul exemplaire venant de Gyllenhal. Il est d'un brun châtain, plus foncé et irisé sur les élytres; les appendices roux, sauf les art. 2-4 des antennes qui sont rembrunis. Les sillons frontaux paraissent moins profonds au milieu que d'habitude. Les fossettes basilaires du pronotum sont séparées du bord latéral par un relief large, plan, tronqué en arrière et contourné par la gouttière latérale, qui s'étend seulement jusqu'aux sillons courts. L'intervalle coxal est d'un 5ᵉ plus large que la cuisse intermédiaire, et d'un 5ᵉ plus court que le pilier postérieur.

ESPÈCES QUE JE N'AI PAS VUES

Tr. quadricollis. — Putzeys, *Sttet. Zeit,* 1847, 303.

Alatus elongatus. rufo-testaceus, pubescens, vertice latè infuscato, elytris dorso brunneo-plagiatis; antennis filiformibus dimidiæ corporis longitudini æqualibus, art. 2º, 4º subæquali; pronoto sub quadrato, angulis posticis rectis; elytris elongatis, lateribus subparallelis, subtiliter punctato-striatis, interstitiis confertissimè punctulatis, interstitio 3º bipunctato. — Long. 4ᵐᵐ, lat. 1 ¼ᵐᵐ.

Tr. micros affinis; pronoto posticè vix angustato lateribus minùs rotundato, basi latiore, angulis posticis minùs proeminentibus; elytris dorso convexioribus, striis profundioribus.

Mas, Fem., in Musæis Dejean et St-Petersbourg sub nomine *T. micros.*

Tr. planiusculus. — Fairmaire, *Annales Soc. Ent. Fr.,* 1861, 578. — Long. 4ᵐᵐ.

Oblongus depressus, brunneo-castaneus, nitidus; elytris basi apiceque dilutioribus; antennis, palpis pedibusque pallidè rufo-testaceis. Antennarum art. 2 et 4 æqualibus. Prothorace lateribus leviter arcuato, posticè leviter angustiore, angulis posticis rectis, acutis, basi transversim valdè impresso et utrinquè uni-foveolato. Elytris utrinque striis tribus impressis, reliquis ferè obsoletis. — Hautes et Basses-Pyrénées.

Les types de cette espèce ne se sont retrouvés ni dans la collection de l'auteur ni dans celles qu'il cite. Je suis porté à croire que M Fairmaire aura eu sous les yeux de petits exemplaires du *T. Bruckii* à stries portant cette ponctuation incertaine qui se voit chez plusieurs *Trechus.* J'ai en effet trouvé dans la collection Fairmaire des individus qui répondent à cette description et que j'avais envoyés sous le nom inédit d'*oblongus.* Les types du *Bruckii* que j'ai vus dans la collection V. Bruck sont deux mâles de grande taille, d'une teinte plus obscure, et ont pu induire en erreur.

Tr. elegans. — Putzeys, *Stett. Zeit,* 1847, 313 — Schaum, *Ins. Deuts.,* 647. — Long. 1 1/2 lin.

Fulvus; prothorace subcordato, angulis posticis minutis rectis; coleopteris ovatis brevioribus, subtiliter striatis, striis externis obsoletis. — Styria, Carinthia — (ex Schaum).

Schaum le compare à l'*ovatus.* Il s'en distingue par sa forme plus large, son pronotum moins rétréci en arrière et les stries de ses élytres plus fines.

Tr. montanus. — Putz, *Stett. Zeit.*, 1847, 309. — Schaum., *Inst. Deuts.*, 644. — Long. 1 2/3 lin.

Nigro-piceus, antennis pedibusque rufo-testaceis; prothorace lateribus rotundato, posticè subangustiore; angulis posticis minutis, foveis basalibus impressione transversa subtiliore connexis : coleopteris ovatis, striis duabus primis profundis, tertia quartaque subtilioribus, externis obsoletis. — Glatz (Schneeberg) — (ex Schaum).

Schaum le compare au *micans*. Il est plus grand ; le pronotum est moins court et plus fortement arrondi, avec l'impression transverse de la base moins profonde. Caractères assez peu tranchés et qui pourraient bien convenir à une variété du *micans*.

Tr. sculptus. — Schaum, *Ins. Deuts.*, 637. — Long. 2 lin.

Nigro-piceus, cyaneo-micans, antennis pedibusque rufo-testaceis; prothorace subcordato, lateribus rotundato, posticè subsinuato, angulis posticis acutiusculis, foveis basalibus magnis profundis; coleopteris oblongo-ovatis fortiter punctato-striatis. — Riesengebirge. — Illyria (Görz).

Espèce caractérisée par la forte sculpture de ses élytres, surtout par la dimension des fossettes basilaires du pronotum.

Tr. exaratus. — Schaum, *Ins. Deuts.*, 636. — Long. 2 lin.

Dilutè brunneus; prothorace fortiter cordato, angulis posticis acutis; coleopteris ovalibus, dorso profundè lateribus subtiliter punctato striatis.

Cette espèce est établie par Schaum sur un individu de la collection Germar, d'origine incertaine, mais qu'il suppose provenir de Carniole ou Carinthie, s'il est réellement européen. L'auteur la signale comme bien distincte des autres espèces par les stries profondes et fortement ponctuées de ses élytres, son pronotum fortement cordiforme.

Tr. microphthalmus. — Miller, *Wien*, 1859, 310. — Long. 2 1/4 lin.

Oblongus, subdepressus, ferrugineus; oculis minutis nigris. Capite lævi, profundè bisulcato; antennis capite thoraceque multò longioribus; thorace cordato postice utrinquè foveolato, angulis posticis rectis; elytris thorace ferè duplò latioribus, striatis, striis internis profundis, exterioribus obsoletissimis, tertia punctis duobus magnis impressis.— Austria (Mt Koliska).

Cette espèce se rapproche des *Anophthalmus* par sa couleur et sa forme allongée. Elle ressemble au *Tr. Longhii*, mais elle est plus petite, les yeux sont encore moindres, et le pronotum est autrement conformé. Il n'est pas subitement resserré au-devant de la base comme chez celui-ci, mais progressivement rétréci et sinué en arrière. Le pronotum est aussi long que large au milieu, légèrement arrondi sur les côtés, assez fortement rétréci en arrière, sinué au-devant de la base avec les angles postérieurs droits et pointus ; le dessus est très-peu convexe, le sillon médian profond. Les élytres sont deux fois aussi larges que la base du pronotum, peu arrondies latéralement, peu convexes ; les stries internes 1-4 profondes, les externes oblitérées, la ponctuation indistincte.

Tr. Chaudoiri. — Levrat, *Études entomologiques*, 1859. — Long. 4ᵐᵐ ; larg. 1,1/2ᵐᵐ.

D'un brun rougeâtre. Tête triangulaire avec quelques rides transversales peu marquées : yeux noirs; palpes et 1ᵉʳ article des antennes d'un jaune testacé vif, les autres articles plus obscurs ; les antennes, aussi longues que la moitié du corps, sont plus épaisses vers leur extrémité. — Thorax plus large que la tête, assez court, presque transversal, arrondi antérieurement à ses côtés, qui sont fortement rebordés ; une ligne médiane assez marquée s'étend de son sommet à sa base, où elle est accompagnée de chaque côté d'une légère impression ; les angles antérieurs sont très arrondis, les inférieurs faiblement émoussés. — Elytres plus larges que le thorax, de forme ovale, chargées de stries très-légèrement ponctuées; les trois premières sont assez fortement marquées, les autres plus faiblement, et même complétement effacées vers le bord externe et l'extrémité des élytres. — Le dessous du corps est d'un brun rougeâtre, plus clair qu'en dessus. Les pattes sont d'un jaune testacé. — Sicile.

Cette espèce doit être placée près du *Platypterus*. (D'après Schaum, le *Platypterus* Sturm n'est probablement qu'un *Austriacus* anormal.)

Tr. planipennis. — Rosenhauer, 44.

Apterus, nigro-piceus, nitidus; antennis filiformibus rufis, art. 2º, 4º æquali ; prothorace subcordato, angulis posterioribus rectis; elytris oblongoovatis, depressis, striatis, striis quatuor primis profundioribus, interstitio tertio tripunctato; pedibus testaceis. — Long. 1 2/3 lin. — Lat. 2/3 lin.

Voisin du *Tr. rufulus* et encore plus du *fulvus* Déj., mais notablement plus petit. Il ressemble au premier par le manque d'ailes et la couleur générale, mais la tête n'est pas plus obscure et n'a pas de sillon transverse; le 2ᵉ article des antennes est de la taille du 4ᵉ. Sous ce rapport, il ressemble un peu au *fulvus* ; mais outre sa petite taille, il est toujours aptère, autrement coloré; les angles du pronotum sont droits, les stries des élytres non crénelées, à peine visiblement ponctuées. Enfin, si on le compare au *Tr. angusticollis* Ksw. qui lui ressemble par la couleur et sa forme déprimée, on l'en distingue aisément par sa taille plus petite, ses antennes unicolores à 2ᵉ article autrement conformé, les angles postérieurs du pronotum différents, ses élytres allongées qui ont quatre stries dorsales distinctes.

Antennes grêles ayant presque la longueur de la moitié du corps. Pronotum court, un peu plus large que long, peu arrondi sur les côtés, distinctement rétréci en arrière, un peu convexe; sillon médian et fossettes basilaires profondes et lisses. Élytres de moitié plus larges que le pronotum au-devant du milieu, d'un quart plus longues que lui, en ovale allongé non élargi en arrière; stries fines à peine visiblement pointillées la 5ᵉ à peine marquée, les suivantes effacées.

Trouvé en juillet dans la Sierra Nevada (Andalousie), au pied du Picacho de Veleta.

Tr. vittatus. Graells, *Mem.* 77. — Long. 4ᵐᵐ. — Lat. 2ᵐᵐ.

Alatus, ater, pedibus palpis, art. 1º et 2º antennarum et vitta marginali elytrorum rufescentibus. Thorace posticè foveolato-punctato. Elytris striatis, stria 3ᵃ granulis oblongis catenulatis ornata ; interstitio marginali versùs apicem serrulato, cæteris planulatis lævibus. — Habitat in pratis propè el Escorial.

L'auteur ajoute que la tête est marquée de deux fossettes frontales entre les antennes et ne parle point de sillons frontaux. Cela doit paraître bien étrange chez un *Trechus*. Il explique la granulation de la 3ᵉ strie en disant que l'intervalle entre la 3ᵉ et la 4ᵉ est entrecoupé de distance en distance par la réunion de ces deux stries. Si l'on ajoute à ces particularités cette bandelette rousse qui longe la marge des élytres, on trouvera que cette espèce diffère notablement des autres *Trechus*, et on sera porté à douter qu'il faille la rapporter au même genre.

Anophthalmus Chaudoirii. — *Elongatus, pallide testaceus, antennis Pedibusque longissimis; thorace capite non angustiore, elongato, posticè angustato, angulis posticis rectis; elytris oblongo-ovatis, convexis, parcè pilosis, obsoletè punctato-rugulosis, substriatis.* — Long. 4 mil.

Tête allongée, presque parallèle sur les côtés, marquée de deux forts sillons un peu divergents en arrière; palpes longs, les maxillaires à dernier article peu à peu acuminé vers l'extrémité, égal en longueur au précédent. Antennes comme chez l'*Æacus*. Corselet aussi large que la tête, beaucoup plus long que large, légèrement rétréci au sommet, assez fortement à la base, avec les angles postérieurs droits, bien accusés; marqué dans son milieu d'un trait longitudinal, très-fin sur le disque et assez fort à la base et au sommet.

Élytres de même forme et à peine plus larges que chez l'*Æacus*, distinctement ruguleuses, longitudinalement déprimées sur la partie médiane de la suture, avec des apparences de stries légèrement ponctuées, toute la surface est couverte de poils relevés, assez longs et peu serrés, de la couleur foncière. Dessous du corps presque lisse avec l'abdomen légèrement ruguleux et couvert d'une ponctuation fine et éparse.

Pattes longues et grêles, premier article des tarses postérieurs plus long que les trois suivants réunis, le quatrième de moitié plus long que large.

Cette espèce est très-voisine des *Crypticola* et *Æacus;* elle s'en distingue cependant facilement par sa tête et son corselet plus allongés, ses élytres poilues, ruguleuses et à stries distinctement ponctuées.

J'ai dédié cette espèce à M. le baron de Chaudoir, un de nos maîtres, comme témoignage d'estime et d'amitié.

CH. BRIS.

SCOTODIPNUS PANDELLEI. — *Pallidè testaceus, parallelus, vagè rugulosus, thorace capite latiore, basi utrinquè biangulato, antennarum articulis subelongatis.* — Long. 2 millim.

De la même couleur que ses congénères; un peu moins grand que le *glaber,* plus grand de moitié que le *Revelierei* et le *Schaumi,* beaucoup plus grand que l'*Aubei.* Tête à impressions fortement marquées, antérieures; surface ruguleuse mate. Antennes à articles un peu plus longs que chez le *Schaumi.* Corselet un peu plus large que long, presque d'un tiers plus large que la tête, très-cordiforme, à angles postérieurs doubles et aigus, ce qui me paraît établir un rapprochement avec les Dromiens; sillon longitudinal moins fort que chez le *Schaumi,* rebords plus nets et plus élevés, côtés sinués en arrière. Abdomen et élytres un peu moins longs à proportion que chez le *Schaumi,* ponctuation semblable; les élytres sont tronquées au sommet plus obliquement en dehors, comme chez le *glaber;* les épaules sont très-nettement carrées; dépression humérale forte; les deux élytres prises ensemble d'un quart plus larges que le corselet.

Le caractère de l'échancrure des angles postérieurs du corselet, formant deux pointes, se trouve à un degré plus faible dans le *glaber.* Ce caractère joint à celui de la troncature des élytres me paraît donner au genre *Scotodipnus* un rôle de transition entre les Dromiens et les Bembidiens.

Mon ami et savant collègue M. Pandellé a trouvé un seul exemplaire de ce bel insecte sous la racine d'un sapin dans la vallée d'Aure, dans les Hautes-Pyrénées, et m'a autorisé à le décrire. Je le lui dédie en souvenir d'amitié.

Le genre *Scotodipnus* a été établi par Schaum sur l'*Anillus glaber* de M. Baudi. Notre regretté maître n'avait pas vérifié la question des tarses antérieurs, qui sont simples chez les deux sexes dans les *Anillus*, et avait donné ce même caractère au genre *Scotodipnus*. Je suis tombé dans la même erreur en décrivant les *Scotodipnus Aubei* et *Schaumi*. Mon confrère M. Linder s'aperçut de ma bévue et créa sur ces deux espèces son genre *Microtyphlus*, basé sur le premier article des tarses antérieurs fortement dilaté chez le mâle. Depuis, j'ai reçu de M. Baudi le *Glaber*, et j'ai constaté qu'il possédait le même caractère ainsi que le *Revelierei* de mon ami M. Perris. Donc, le genre *Microtyphlus* est à rayer et à réunir au genre *Scotodipnus*, en rectifiant le caractère des tarses antérieurs.

Fél. de Saulcy.

Tachypus cyanicornis. — *Æneo-cupreus, vix in elytris maculatim griseo virescens; palpis, antennis pedibusque brunneis nigrocyaneo micantibus. Satis elongatus. Capite mediocri, oculis pronotum latitudine minimè superantibus; antennis paulo validioribus, quintam basilarem partem ferè superantibus. Pronoto modicè anticè dilatato et posticè constricto : setis angularibus posticis exertis. Elytris ferè parallelis, sat elongatis; sulcis obsoletis : punctis laxioribus.* — Long. 4-4,8 mill.

Cette espèce offre la plus grande analogie avec le *T. flavipes* L., malgré la couleur différente de ses appendices : mais comme le *T. festivus* Duval, elle s'en éloigne par les proportions de la tête et du pronotum. Chez le *T. flavipes*, le pronotum, bien qu'il paraisse plus élargi en avant et plus étranglé en arrière, est néanmoins fortement débordé par les yeux : les élytres, d'ailleurs plus ou moins ovalaires, semblent cependant plus courtes; les palpes, les antennes et les pattes sont d'un jaune franc avec un reflet métallique à peine marqué sur quelques parties.

Le *T. festivus* Duval se distingue sans peine à ses élytres vivement tachetées de bleu vert, sur le fond cuivreux, à ses antennes plus courtes atteignant à peine les épaules.

Les *T. caraboides* et *pallipes* forment un groupe à part caractérisé par l'absence du pore sétigère postérieur du pronotum; pore placé chez les autres espèces au-dessus de l'angle postérieur.

Le mâle, comme ceux des autres *Tachypus*, se reconnaît à ses tarses antérieurs dont les articles 1-2 sont dilatés avec leurs brosses plus fortes, et au 6e arceau ventral apparent qui ne montre que deux pores sétigères, au lieu que la femelle en a quatre.

11

Cette espèce est rare. Elle se prend (Hautes-Pyrénées) sous les pierres près des torrents, à une élévation de 1,000 à 1,500 mètres. Je crois qu'elle habite aussi les Alpes.

L. PANDELLÉ.

LEPTUSA PANDELLEI. — *Elongata, testacea, nitida, subtiliter par-cèque pubescens; thorace suborbiculato, subtilissimè punctato basi obsoletè transversim foveolato; elytris thorace tertia brevioribus, subtiliter punctulatis. Abdomine basim versùs angustato, suprà seg-mentis anterioribus parcè punctulatis (5—6) fere lævigatis. —* Long. 1 1/2 mil. à 1 3/4 mil.

Tête forte, suborbiculaire, un peu rétrécie en avant, arrondie sur les côtés, convexe, couverte d'une ponctuation très-subtile et peu serrée, avec une légère dépression longitudinale dans son milieu, plus sensible chez le mâle que chez la femelle; yeux très-petits subdéprimés. Antennes plus de deux fois plus longues que la tête, un peu épaissies vers l'extrémité, les 2e et 3e articles oblongs, ce dernier un peu plus court que le 2e, le 3e petit, subco-nique, pas plus long que large, 7-10 transversaux, le dernier ovalaire, égal à la longueur des deux précédents réunis. Corselet un peu plus large que la tête, aussi long que large, légèrement rétréci en arrière, arrondi aux angles et très-peu sur les côtés; surface couverte d'une ponctuation très-subtile et peu serrée, avec une petite fossette transversale devant l'écusson. Élytres d'un tiers environ plus courtes que le corselet, élargies vers leur extrémité, avec la suture distinctement enfoncée; surface cou-verte d'une ponctuation un peu plus forte que celle du corselet. Abdomen rétréci à la base et au sommet avec sa plus grande largeur vers les $^2/_3$ de sa longueur, couvert d'une ponctuation fine et écartée sur les premiers segments, presque lisse sur les deux derniers, avec des petits poils raides et obscurs vers les bords latéraux et à l'extrémité. Dessous du corps à ponctuation fine et éparse et couvert d'une pubescence concolore fine et peu serrée.

Mâle. Extrémité de l'angle sutural des élytres relevé en un tubercule for-tement saillant, pénultième segment abdominal dans son milieu un peu avant son extrémité, avec deux tubercules modérément distants et précédés d'une petite dépression transversale, dernier segment armé à son bord postérieur d'épines très-petites et très-distantes.

Cette espèce est voisine de la *nivicola;* elle s'en distingue par sa cou-leur testacée, son corselet moins rétréci postérieurement, et par les petites carènes du pénultième segment dorsal du mâle, qui sont plus éloignées du bord postérieur du segment.

Cette espèce n'est pas rare sous les mousses des montagnes des environs de Bagnères de Bigorre. J'ai dédié cette espèce à mon ami M. Pandellé, à qui l'entomologie doit tant de découvertes.

CH. BRIS.

LEPTUSA LINEARIS. — *Elongata, linearis, testacea, nitida, subtilissimè parcèque pubescens; capite thoraceque sublævigatis, hoc orbiculato; elytris brevissimis, dense subtiliter punctulatis; abdomine basim versus leviter angustato supra segmentis anterioribus parcè subtilissimè que punctatis (5-6), ferè lævigatis* — Long. 1 1/3 mil.

Tête orbiculaire, presque lisse, avec une petite dépression longitudinale sur le front; yeux très-petits, subdéprimés. Antennes presque de la longueur de la tête et du corselet, assez fortes, épaissies vers le sommet, les 2 et 3e articles obconiques, ce dernier de moitié plus court que le second, le 4e arrondi, 6-10 transversaux, le dernier ovalaire, égal à la longueur des deux précédents réunis. Corselet orbiculaire, aussi long que large, arrondi à la base et plus légèrement sur les côtés, longitudinalement déprimé dans son milieu; surface presque lisse. Élytres presque deux fois plus courtes que le corselet, un peu élargies vers leur extrémité avec la suture un peu enfoncée; surface couverte d'une ponctuation très-fine et assez sérrée. Abdomen très-légèrement élargi vers le sommet, couvert d'une ponctuation très-fine et écartée, presque lisse sur les deux derniers segments. Dessous du corps à ponctuation très-subtile et écartée revêtu d'une pubescence concolore courte et écartée.

Mâle. Pénultième segment abdominal avec une petite carène longitudinale dans son milieu.

Cette petite espèce est voisine de la *Pandellei*; elle s'en éloigne par sa taille plus petite, sa forme plus étroite, ses antennes à 2e article plus petit, son corselet plus court, pas plus étroit en arrière qu'en avant, ses élytres plus courtes, sa ponctuation plus fine et plus écartée et par les caractères différents du mâle.

M. Pandellé a trouvé cette petite espèce sous les mousses de la montagne. Je l'ai prise aux environs de Bagnères à L'Héris.

CH. BRIS.

LEPTUSA GLACIALIS. — *Elongata, nigro-picea, nitida, subtiliter parcèque cinereo-pubescens, antennis pedibusque brunneo-testaceis; thorace suborbiculato, basin versus angustato, subtilissime punctulato, basim transversim foveolato; elytris thorace fere dimidio brevioribus, sat fortiter punctatis; abdomine basim versùs leviter an-*

gustato, supra segmentis anterioribus crebrè, posterioribus (5-6)
parcè punctulatis. — Long. 1/2 mil. à 2 mil.

Tête forte, suborbiculaire, un peu rétrécie en avant, arrondie sur les
côtés, convexe, couverte d'une ponctuation très-subtile et peu serrée,
avec une légère dépression longitudinale dans son milieu, plus sensible chez
le mâle que chez la femelle, yeux très-petits subdéprimés. Antennes deux
fois plus longues que la tête, un peu épaissies vers le sommet, les 2e et 3e
articles oblongs, ce dernier un peu plus court que le 2e, le 4e subcarré
aussi long que large, 7-10 transversaux, le dernier ovalaire, égal à la longueur des deux précédents réunis. Corselet, même forme et même ponctuation que chez la *Pandellei*, quelquefois seulement chez les mâles avec
une dépression longitudinale bien distincte sur le milieu de son disque.
Élytres comme chez la *Pandellei*, mais à ponctuation beaucoup plus forte
que celle du corselet. Abdomen un peu élargi vers ses 2/3 postérieurs, couvert sur les segments antérieurs d'une ponctuation fine et assez serrée, et
sur les 5-6 segments avec une ponctuation, chez la femelle plus écartée,
chez le mâle presque lisse. Dessous du corps assez densément ponctué,
et revêtu d'une pubescence fauve courte et médiocrement serrée. Pénultième segment abdominal chez le mâle avec deux petites carènes longitudinales deux fois plus éloignées l'une de l'autre que les côtés latéraux, et
en arrière avec une troisième carène transversale qui se relie quelquefois
par les extrémités aux deux carènes longitudinales.

Même forme que la *L. Pandellei*, mais bien distincte par sa couleur
obscure, la ponctuation de son abdomen plus forte et un peu plus serrée,
et par les caractères du mâle.

Cette curieuse espèce n'est pas rare sous les pierres au sommet du Pic
du Midi de Bigorre, près des plaques de neiges.

Ch. Bris.

LEPTUSA BONVOULOIRII.—*Elongata, rufo-testacea, nitidula, subtiliter pubescens ; capite thoraceque crebre subtilissime punctulatis, hoc
leviter transverso, basim versùs angustato ; elytris thorace paulo breviore, crebrè sat fortiter punctato ; abdomine basim versùs leviter
angustato, supra segmentis anterioribus crebre, posterioribus* (5-6)
parce punctatis. — Long. 2 mil. à 2 1/4 mil.

Tête convexe, suborbiculaire, un peu rétrécie en avant, couverte d'une
ponctuation très-subtile et assez serrée. Yeux très-petits subdéprimés.
Antennes deux fois plus longues que la tête, assez fortes, épaissies vers le
sommet, les 2e et 3e articles oblongs, ce dernier un peu plus court que le

2°, le 4° petit, subconique, aussi long que large, 6-10 transversaux, le dernier ovalaire, égal aux deux précédents. Corselet un peu plus large que la tête, un peu plus large que long, distinctement rétréci en arrière, latéralement un peu arrondi, subtronqué à la base et au sommet avec les angles postérieurs arrondis; surface couverte d'une ponctuation très-subtile et serrée, avec une petite fossette transversale obsolète devant l'écusson. Élytres un peu plus courtes que le corselet, légèrement élargies vers leur extrémité, avec la suture vers la base, fortement enfoncée chez le mâle, plus légèrement chez la femelle; surface couverte d'une ponctuation forte et serrée. Abdomen légèrement dilaté vers ses $^2/_3$ postérieurs, avec les segments antérieurs couverts d'une ponctuation assez forte et assez serrée, et les (5-6) à ponctuation écartée. Dessous du corps à ponctuation fine et peu serrée, couvert d'une pubescence concolore assez courte et peu serrée.

Mâle : Élytres de chaque côté de la suture, relevées en forme de pli longitudinal, pénultième segment abdominal dans son milieu avec une carène longitudinale qui atteint le bord postérieur du segment, dernier segment avec une carène placée de la même manière, mais beaucoup plus courte et n'atteignant pas le sommet du segment.

Cette espèce rappelle un peu le *L. testacea*, mais elle s'en éloigne par sa couleur testacée, par ses antennes plus courtes, sa tête très-finement ponctuée, son corselet plus convexe et plus court à ponctuation aussi fine, mais plus serrée, ses élytres plus fortement ponctuées et par son abdomen à ponctuation plus forte et plus serrée, ainsi que par les caractères du mâle.

Cette espèce se trouve aux bords des lac Bleu et d'Oncey, sous les pierres bien enfoncées en terre.

Je dédie cette remarquable espèce à mon ami M. Henry de Bonvouloir, avec qui je l'ai capturée.

CH. BRIS.

SYNOPSIS

DES ESPÈCES FRANÇAISES DU GENRE PROTEINUS

PAR L. PANDELLÉ

Les Coléoptères staphylins du genre *Proteinus* se ressemblent beaucoup, et leurs espèces sont d'une distinction et d'une délimitation difficiles. Les caractères tirés de la taille, de la couleur, des proportions du pronotum et des élytres, de leur forme ou de leur sculpture sont variables, ou bien manquent de précision. Les modifications que subit le sexe mâle fournissent des indications un peu plus nettes; et comme elles sont différentes suivant les espèces, elles permettent de les caractériser sans hésitation.

Je renvoie aux auteurs généristes pour le développement des caractères communs aux diverses espèces de Proteinus. Je rappellerai seulement qu'on les distingue de celles des autres genres du groupe Proteinini par l'absence d'ocelles sur le front, la massue antennaire formée de trois articles, les angles postérieurs du pronotum sans échancrure. Toutes ont une teinte brunâtre plus ou moins ferrugineuse, avec les pattes de cette dernière couleur. Leur forme est courte et ovalaire, le pronotum est fortement transversal, les élytres amples et un peu convexes. Les mâles ont un caractère commun; c'est l'échancrure du 8e arceau ventral : mais il est souvent difficile à reconnaître à cause de l'étroite application de cet arceau sur le premier segment de l'armure génitale.

1. — Sculptura evidentiore : elytris nitidiusculis : mesosterno apice canaliculato, marginibus reflexis =. Mas, tarsis anticis, art. 1-2 dilatatis in patella ovata latitudine paulò longiore subtùs leviter pilosa connexis.

2. — Sæpiùs major : 1o antennarum art. sæpiùs infuscato. Mas, tibiis intermediis intùs et basim versùs curvatis, breviter in $^3/_5$ apicalibus fimbriato-setulosis. — Long. 1,6-2,4^{mm}.

Ubiquè toto anno, frequens in boletis putridis.

ERICHS, *Gen. Sp. Staph.*, 903. — FAIRM. LAB., *Faune Fr.*, 1. 653 — KRAATZ., *Ins. Deuts*, I. 1024. **brevicollis.**

— **2'** — Sæpiùs minor : 1º antennarum art. ferrugineo, et sequentibus quoquè interdùm. Mas, tibiis simplicibus. — Long. 1,2-1,8ᵐᵐ.

Ubiquè cum præcedente, vulgaris.

Fabr., *Ent. syst.*, I. 235. — Fairm. Lab., *Faune Fr.* I. 653. — Kraatz, *Ins. Deuts.*, 1024. **brachypterus.**

— **1'** — Sculptura humiliore et leviter densiore : elytris obscuriusculis, mesosterno apice medio subcarinato.

3 — Minor. Mas, tibiis anticis art. 1-2 dilatatis in patella elongata ferè triplo longiori quam latiori, pilis longis subtùs fimbriato-instructa connexis.

4. — Antennis basi obscuris. Mas, tibiis intermediis intùs basim versùs curvatis, in ³/₅ apicalibus distinctè crenato-pilosis ; posticis intùs in medio emarginatis glabris. Segmento ventrali 8º obscuriùs emarginato. — Long. 1,5-1,8ᵐᵐ.

H.-Pyrénées, Louron, mense maio in boletis putridis. Rariùs.

Nova species. **crenulatus.**

— **4'** — Antennis art. 1-2 saltem ferrugineis. Mas, tibiis intermediis arcuatis, glabris; posticis intùs ponè basim tumidulis, in medio emarginatis et dimidia parte apicali satis longè fimbriato-setulosis. Segmento ventrali 8º latè profundiùs et angulatim emarginato. — Long. 1,5-1,8ᵐᵐ.

Æstate, in boletis. Rarò.

Gyll. *Ins. suec.*, II. 209. — Fairm. Lab., *Faune Fr.* I. 654. — Kraatz, *Ins. Deuts.*, 1025. **macropterus.**

— **3'** — Minimus. Antennis testaceis, clava obscuriore. Mas, Tarsis anticis art. 1-2 vix conspicuè dilatatis; tibiis simplicibus. — Long. 1-1,2ᵐᵐ.

Ubiquè in muscis et boletis putridis. Rarò.

Erichs, *Gen., sp. Staph.*, 904. — Fairm. Lab., *Faune Fr.* I. 654. — Kraatz. *Ins. Deuts.*, 1025. **atomarius.**

SYNOPSIS

DES OXYTELUS FRANÇAIS DU GROUPE DU DEPRESSUS

Par L. Pandellé

Les Coléoptères staphylins du genre *Oxytelus* sont assez bien connus aujourd'hui. Il ne reste de l'incertitude que sur les espèces qui avoisinent l'*O. depressus* Grav. Ces espèces se ressemblent en effet beaucoup en dessus ; et les différences qu'on y observe sont souvent insuffisantes pour la caractéristique. Il faut s'aider du dessous et particulièrement des modifications offertes par les mâles. Ceux-ci ont un caractère général qui permet de les reconnaître : il consiste en ce que le lobe médian du 8e arceau ventral n'est jamais plus avancé que les latéraux. Leur tête est aussi plus grosse presque dans toutes les espèces ; mais c'est un caractère sujet à s'amoindrir et même à disparaître. La femelle a le lobe médian du 8e arceau anguleusement prolongé au delà des latéraux.

Je dois faire observer que j'ai suivi, pour la numération des segments abdominaux, le système de Duval, qui est conforme à la réalité. Par suite, les segments 7 et 8 sont les deux qui précèdent l'armure génitale et ceux que M. Kraatz numérote 6 et 7.

Le groupe ci-dessus doit se placer entre l'O. *intricatus Er.* et l'O. *sculpturatus* Grav. Il paraît riche en espèces. J'en ai découvert quatre nouvelles ; mais j'en ai encore deux autres qui n'ont pu trouver place ici, parce que le mâle m'est inconnu.

Ce groupe peut être caractérisé ainsi qu'il suit :

Capite lateribus sulcato : oculis mediocribus minutè granulatis : antennis gradatim crassioribus. Mas, segmento ventrali 8o non quadratim in medio producto. Clypeo anticè immarginato : Mas, fem., capite ponè oculos rectangulari. Antennis funiculo gracili, clava evidentiore : pronoto lateribus non crenulato. Sulco transversali inter antennas obliterato. Corpore suprà atrofusco aliquandò in elytris dilutiore ; et, abdomine excepto, opaco, longitrorsùm subtiliter strigoso-areolato : antennis brevioribus : pronoto sulcis strigosis.

1. — Minor. Pronoto minutissimè et ferè uno modo longitrorsùm strigoso-coriaceo.

2. — Maris segmento ventrali 7° simplici.

3. — Suprà nitidiusculus. Capite partim nitidulo. Abdomine suprà subtilissimè coriaceo ferè lævi, punctis sparsis ferè nullis.

Élytres passant au brun testacé. Mâle à tête dilatée.

4. — Capite anticè coriaceo, in vertice medio spatiis duobus minutis, approximatis. Maris segmento ventrali 8°, lobo medio lævi acuto; disco tumidulo cristula semi-circulari instructo. — Long. 1,7ᵐᵐ.
Fréjus (Aubé). — Collioures (Ch. Brisout).
KRAATZ, *Ins. Deuts.*, 862.   **speculifrons**.

Les facettes frontales sont sujettes à s'amoindrir. Le demi-cercle du 8ᵉ arceau ventral est ouvert en arrière et déprimé au centre.

— 4' — Capite anticè nitido, clypeo sublævi, vertice coriaceo. Maris segmento ventrali 8°, lobo medio striatulo rotundato, disco non tumido transversim carinulato. — Long. 1,8ᵐᵐ.
Saint-Germain en Laye (Ch. Brisout).
Species nova.   **clypeo-nitens**.

— 3' — Suprà opacus. Abdomine suprà distinctè punctulato.

5. — Majusculus : sculptura obsoletiore, in abdomine suprà minùs densa. Abdomine ipso nitidiore. Maris segmento ventrali 8° cum carinula transversa in disco ; margine postico lateribus sinuato, in medio cum lobo lævi et angulatim producto. Mas, fem., capite pronoto vix angustiore, sæpiùs in mare dilatato. — Long. 2-2,5ᵐᵐ.
Ubiquè ; toto anno vulgatissimus.
GRAV, *Micr.*, 103. — FAIRM. LAB., *Faun. Fr.* I. 612. — KRAATZ, *Ins. Deuts.*, 862.   **depressus**.

— 5' — Minusculus : sculptura evidentiore, in abdomine suprà densiore. Maris segmento ventrali 8° in disco simplici margine postico in medio emarginato. Mas, fem., capite simplici pronoto evidenter angustiore. — Long. 1,4-2,2ᵐᵐ.
Tarbes. Augusto-septembre, in fimo porcino. Non frequens.
Species nova.   **simplex**.

— 2' — Maris segmento ventrali 7° appendiculato.

6. — Maris segmento ventrali 8° inermi.

7. — Abdomine punctis densis evidentioribus. Maris segmento ventrali

7º antè apicem cristulis duabus anticè obtusis, sulco separatis non productis instructo; margine postico truncato : 8º in medio latè emarginato. — Long. 2^{mm}.

H.-Pyrénées. Maio-julio, in muscis et abiete. Rariùs.

Species nova. **Fairmairei.**

— **7'** — Abdomine punctis laxioribus, vix conspicuis. Maris segmento ventrali 7º in medio antè apicem cum tuberculo unico posticè cariniformi; apice ipso lamina quadrata breviuscula sed latiori, deorsùm subreflexa instructo : 8º angulatim in medio producto. — Long., 2^{mm}.

Tarbes. Toto anno in fimo porcino et boletis putridis. Rariùs.

Species nova. **Saulcyi**

— **6'** — Maris segmento ventrali 8º armato.

8. — Minusculus : suprà, abdomine excepto omninò opacus; pedibus, tibiis præcipuè, subtestaceis. Maris segmento ventrali 7º, margine posteriori in medio angulatim appendiculato; appendiculo subtestaceo, lamelliformi, elongato, versùs apicem attenuato sulcato retuso sursùm recurvo, basi carinula transversa antè depressionem instructo : 8º fovea in medio apice impressa, lateribus apice leviter deorsùm productis longitrorsum tumidula. — Long. 1,2-1,8^{mm}.

Metz. Paris. Tarbes. Toto anno, præsertim augusto-octobre, in fimo porcino. Non raro.

Fairmaire. Laboulbene, *Faun. Fr.* I. 612. — Kraatz, *Ins. Deuts.*, 863. **hamatus**.

— **8'** — Majusculus; suprà nitidiusculus; pedibus fusco brunneis. Maris segmento ventrali 7º spinis tribus semi-erectis instructo : una ad basim acuta, duabus in margine postico approximatis validioribus, apice retusis; margine ipso truncato; 8º in medio vix depresso, sed in medio apice cum spinis duabus validis retrorsùm productis. — Long. 2-2,5^{mm}.

Paris. Lyon, Tarbes. Toto anno; in fimo porcino. Rariùs.

Erichs, *Col. mar.*, 1. 596. — Fairm. Lab., *Faun. Fr.* I. 612. — Kraatz, *Ins. Deuts.*, 860. **pumilus**.

— **1'** — Major. Pronoto lateribus crassiùs quàm in medio strigoso areolato-subpunctato. — Long. 3-4^{mm}.

Ubiquè, toto anno, in vegetabilium et animalium reliquiis putrescentibus, vulgaris.

Erichs, *Col. march.*, I. 595 — Fairm. Lab., *Faun. Fr.* I. 612. — Kraatz, *Ins. Deuts.*, 858. **complanatus**.

D'un noir opaque; pieds d'un brun testacé. Abdomen à points denses, mais peu marqués. Mâle : 7ᵉ arceau ventral chargé en arrière d'un renflement divisé et sub-excavé par un sillon longitudinal; 8ᵉ inerme, à lobe médian arrondi, peu déve-loppé.

FARONUS PYRENÆUS. — *Castaneus, nitidus, lævigatus, thoracis lateribus angulatim rotundatis, elytris thoracis longitudine.* — Long. 1 mil. 1/2.

Châtain, lisse brillant, bien plus petit que le *Lafertei.* Tête de même forme générale, yeux bien plus petits; angles postérieurs beaucoup moins saillants sur les côtés; dépression longitudinale moins large. Antennes à articles un peu plus courts que ceux de la femelle du *Lafertei.* Corselet comme chez ce dernier, marqué sur le disque d'une impression en fer à cheval ouvert en avant et de chaque côté, vers la base, d'une grande im-pression. Élytres beaucoup plus courtes que chez le *Lafertei,* pas plus longues que le corselet, dilatées en arrière ; base plus étroite et sommet plus large que la plus grande largeur du corselet; sur chacune, outre la strie saturale, un sillon discoïdal n'atteignant pas l'extrémité et une légère strie humérale. Abdomen légèrement élargi vers l'extrémité, largement rebordé, presque aussi long que le reste du corps; 1ᵉʳ segment visible en dessus, de moitié plus court que les élytres; 2ᵉ un peu plus long que le 1ᵉʳ; 3ᵉ double du 1ᵉʳ; 4ᵉ semblable au 2ᵉ; 5ᵉ petit. Pattes comme chez le *Lafertei.*

Mes amis et collègues Ch. de Barneville et de Bonvouloir ont découvert cet intéressant psélaphien près du lac Bleu, dans les Hautes-Pyrénées. L'exemplaire qui m'a été communiqué est une femelle.

ANISOTOMA DISCONTIGNYI. — *Orbiculari-ovata, leviter convexa, fer-ruginea, nitidissima, prothorace fere lævigato, basi late emarginato, angulis posterioribus productis, acutis, elytris fortiter punctato-striatis, interstitiis lævigatis; antennis longioribus, articulo septimo rotundato.* — Long. 3 mil. à 3 mil. 1/4.

D'une forme très-courtement ovalaire, médiocrement convexe, d'un brun de rouille, très-brillant. Antennes assez longues, d'un ferrugineux clair, 2ᵉ article allongé de moitié plus long que le suivant, les 3ᵉ et 4ᵉ ova-laires, massue assez forte, de cinq articles bien détachés les uns des autres, le premier subconique plus long que large, plus étroit que les trois

derniers, le deuxième petit, arrondi, légèrement transversal, les deux suivants un peu plus larges que longs, le dernier en ovale court, acuminé au
sommet de moitié plus long que le précédent, ces trois derniers articles d'égale largeur. Tête médiocre, presque lisse, avec deux points écartés transversalement sur le front. Corselet de la largeur des élytres à son bord
postérieur, et là, presque deux fois plus large que long, fortement rétréci
peu à peu en avant, légèrement arrondi sur les côtés, assez fortement
échancré en avant, avec les angles antérieurs presque droits, mais émoussés
au sommet, échancré à la base en un arc très large, avec les angles postérieurs prolongés en arrière et aigus, embrassant les élytres; surface
presque lisse avec une ligne de points enfoncés devant le bord postérieur.

Écusson presque lisse. Élytres presque du double plus longues que
le corselet, acuminées en ovale de la base au sommet, assez légèrement
striées, avec la strie suturale fortement enfoncée en arrière, toutes ces
stries fortement ponctuées; intervalles plans, les 3e, 5e et 7e avec une série
de points inégalement écartés.

Pattes ferrugineuses, grêles, tibias étroits; mâle : tarses antérieurs et
intermédiaires distinctement dilatés, ces derniers plus légèrement, cuisses
postérieures peu à peu élargies de la base au sommet, présentant, vers
l'extrémité de leur bord inférieur, une profonde échancrure terminée par
une dent aiguë très fortement saillante, tibias postérieurs fortement courbés en arc, avec trois ou quatre petites crénelures vers la base de leur côté
interne; chez les femelles tarses simples, cuisses postérieures très-légèrement sinuées avant leur extrémité qui est simplement arrondie, tibias
postérieurs plus courts et à peu près droits. Dessus du corps à ponctuation
fine et écartée, cuisses à ponctuation plus forte, mais éparse, métasternum
caréné.

Cette espèce très-remarquable est assez voisine de la *Nitidula*, mais
elle s'en éloigne par sa taille plus grande, ses antennes plus longues, à
massue plus allongée, par son corselet et sa tête presque lisses, et celleci biponctuée, par ses élytres moins convexes avec les intervalles de leurs
stries lisses, et par les caractères du mâle.

Je dédie cette espèce à M. Discontigny, un des plus ardents et des plus
heureux explorateurs des Pyrénées.

CH. BRIS.

AGATHIDIUM SERIE-PUNCTATUM. — *Subglobosa, convexa, nigrá, nitida; prothoracis limbo elytrorumque apice piceis, antennis ferrugineis,
clava nigra; capite thoraceque crebrè punctulatis; elytris serie-punc-*

tatis, interstitiis sat densè punctulatis; pedibus piceis tarsisque dilu-
tioribus. — Long. 2 mil.

Forme de l'*Amphycillis globiformis.* — Tête transversale à ponctuation
fine et serrée ; antennes de ⅓ plus longues que la tête, ferrugineuses, à massue noirâtre, 2e article subovalaire, 3e allongé, étroit, les trois suivants
petits, subarrondis, le 7e un peu plus large que le précédent subtransver-
sal, le 8e transversal très-court, les trois derniers formant une forte massue, dont les deux premiers sont transversaux, subégaux, le dernier ovalaire,
plus de moitié plus long que le précédent et moins obscur que les deux autres.
Corselet transversal, convexe, fortement rétréci d'arrière en avant, arrondi sur les côtés, assez fortement bisinué au bord antérieur, largement
arrondi en arc au bord postérieur; surface couverte d'une ponctuation
fine et serrée, avec les bords latéraux étroitement brunâtres. Écusson
grand, triangulaire aigu, assez fortement pointillé. Élytres coupées un peu
obliquement à leur base avec les angles huméraux un peu obtus, globuleuses, très-convexes, un peu acuminées vers leur extrémité, avec des
séries striales de points un peu irrégulières, qui disparaissent vers l'extrémité et vers les côtés, et avec une strie suturale en arrière, remon-
tant à peine jusqu'au milieu; intervalles couverts d'une ponctuation fine
et peu serrée, plus forte vers les côtés. Pattes obscures, avec les tibias et
les tarses plus clairs, tous les tarses de quatre articles. Mâle inconnu.

Cette espèce ressemble à s'y méprendre à l'*Amphycyllis globiformis,*
mais elle s'en distingue facilement par la massue de ses antennes, de trois
articles seulement.

Une femelle trouvée à Fontainebleau.

Ch. Bris.

MELIGETHES NATRICIS. — *Ovalis, leviter convexus, opacus, confer-*
tissime minus subtiliter punctulatus; dense obscure-cinereo pubes-
cens, antennis ferrugineis; thorace transverso, lateribus rotundato;
pedibus rufo-ferrugineis, femoribus posticis piceis, tibiis anticis dila-
tatis, extus subtiliter serratis, denticulis apicem versus sensim paulo
majoribus. — Long. 2 à 2 1/2 mil.

D'un noir presque mat, et revêtu d'une pubescence courte et fine d'un
cendré obscur. Tête transversale, très-densément et finement pointillée;
parties de la bouche ferrugineuses; antennes courtes, ferrugineuses ou
brunâtres avec leur base plus claire. Corselet transversal, légèrement rétréci en arrière, plus fortement en avant, assez fortement arrondi sur les
côtés, avec les angles postérieurs très-obtus, presque arrondis; bord

postérieur légèrement sinué de chaque côté de l'écusson; surface couverte d'un pointillé très-serré et assez fort. Écusson en demi-cercle densément pointillé. Élytres un peu plus larges et un peu plus de deux fois plus longues que le corselet, obtusément arrondies, chacune, à leur extrémité, ponctuées comme le corselet, avec quelques rugosités longitudinales obsolètes partant de l'épaule. Pygidium densément pointillé comme le corselet.

Dessous du corps plus brillant, mais aussi densément pointillé que le dessus, bord postérieur des anneaux de l'abdomen bordé de ferrugineux obscur; surface revêtue d'une pubescence fauve, serrée et courte. Pattes fortes, massives, entièrement ferrugineuses, ou bien avec les cuisses d'un brun de poix avec leur extrémité ferrugineuse, quelquefois les cuisses postérieures sont seules obscures, crochets des tarses noirs, tibias antérieurs fortement dilatés, arrondis à leur côté externe qui est armé dans ses $^2/_3$ postérieurs de six à sept petits denticules triangulaires aigus, bien distincts; tibias intermédiaires et postérieurs très-fortement dilatés, fortement arrondis à leur côté externe qui est cilié serré de petits poils courts et raides.

Mâle. Tarses antérieurs un peu plus fortement dilatés, métasternum avec une large et assez profonde impression, occupant ses $^2/_3$ postérieurs, dernier segment abdominal à ponctuation uniforme et très-serrée.

Cette espèce est remarquable par son aspect obscur et sa ponctuation serrée et assez forte, elle rappelle un peu le *palmatus*, mais sa taille est double et sa ponctuation est plus forte ; elle doit se rapprocher du *fibularis*, mais elle s'en éloigne par sa forte ponctuation, son corselet arrondi, simplement sinué de chaque côté de l'écusson, ses tibias très-larges, arrondis extérieurement, et par le dernier segment de l'abdomen des mâles à ponctuation uniforme et serrée.

MM. Aubé et Grenier ont découvert cette espèce sur l'*Ononis natrix*, aux environs de Cette.

Ch. Bris.

CERYLON FAGI. — *Nigro-piceum nitidum, capite piceo, antennis pedibusque rufo-ferrugineis. Thorace anticè angustato, fortiter minus dense punctato, basi sat fortiter bïimpresso ; elytris punctato-striatis apicem versùs evanescentibus*, 8ª *nulla.* — Long. 2 à 2 mil. 1/4.

Tête d'un ferrugineux obscur, assez convexe, couverte d'une ponctuation fine et assez serrée. Antennes fortes, presque de la longueur du corselet, premier article épais, subtriangulaire, 2e et 3e articles courts, obconiques et subégaux, les suivants contigus et peu à peu plus larges, le 4e distincte-

ment transversal, massue forte en ovale tronqué à son extrémité, d'un ferrugineux plus clair que le reste de l'antenne. Corselet un peu plus large
que long, peu à peu rétréci de la base au sommet, distinctement échancré
en avant, avec les angles assez saillants, légèrement bisinué en arrière,
avec le lobe médiaire large et un peu relevé à son bord postérieur; surface
légèrement convexe sur le disque avec deux impressions basilaires, assez
fortes et assez larges et couverte d'une ponctuation assez forte, mais peu
serrée. Écusson petit, transversal, lisse. Élytres subovales, un peu dilatées
sur les côtés, peu après le tiers antérieur, puis peu à peu rétrécies vers
l'extrémité où elles sont arrondies ensemble, peu fortement ponctuées,
striées; les 7 premières stries sont bien distinctes et finement ponctuées,
la 8e est nulle et n'est plus représentée que par une série de points très-
fins, les stries s'affaiblissent peu à peu en arrière, excepté la première,
qui devient au contraire plus profonde; intervalles très-subtilement et
presque imperceptiblement sériés, pointillés; dessous du corps d'un noir
de poix brillant, avec l'extremité de l'abdomen peu à peu plus claire, dessous du corselet, prosternum et bords latéraux de la poitrine à ponctuation assez forte et peu serrée, mesosternum un peu plus large que long, un
peu rétréci et largement arrondi en arrière, à ponctuation très-grosse et
serrée sur ses $^2/_3$ antérieurs, fine et éparse et presque lisse dans son dernier tiers; métasternum et abdomen à ponctuation assez fine et écartée,
derniers segments de l'abdomen à ponctuation un peu plus serrée. Pattes
assez massives, tibias assez fortement élargis vers leur extrémité.

Cette espèce, voisine de l'*histeroides*, s'en distingue par son corselet
rétréci d'arrière en avant, à impressions postérieures beaucoup plus fortes,
par la 8e strie de ses élytres nulle, par son mésosternum plus fortement
ponctué à la base et presque lisse au sommet, et enfin par ses antennes et
ses pattes plus épaisses.

J'ai pris, ainsi que mon frère Henri, cette espèce à Fontainebleau et à
Compiègne, sous l'écorce d'un hêtre.

Ch. Bris.

TELEPHORUS LONGITARSIS. — *Elongatus, ater ferè opacus, pube depressa griseo-sericante densiori undiquè vestitus. Capite antè oculos,
orisque partibus, antennis basi, prothorace pedibusque testaceis :
pronoto in medio maculis duabus nigris approximatis, sæpiùs
confluentibus : abdomine lateribus apiceque testaceo : pedibus
partim præcipuè posticis versùs basim fusco, vel atro-tinctis. Capite
valido posticè densè punctulato, antennis crassis, dimidiam elytrorum partem vix attingentibus, art. 3° vix 4° breviore, 2um tertia
ferè parte superante. Pronoto transverso, sat nitido, pube punctulis-*

*que laxioribus instructo ; pube in disco hirsuta ; sulco laterali anticè
benè impresso versùs tertiam partem posticam interrupto. Elytris parùm elongatis, subparallelis, pronoto plùs triplò longioribus, coriaceis ; pube uniformi sat densa. Pedibus parùm crassis, tarsis elongatis.
— Mas angustior : capite ponè oculos angustato, oculis magis exertis, antennis vix longioribus : abdomine segmento* 7° *latè emarginato,
angulis externis productis,* 8° *exerto.— Fæmina, abdomine segmento*
7° *profundè trisinuato et quadrifido,* 8° *retracto vel minùs conspicuo.
— Mas, Fæm., Tarsis anticis art.* 1° *plùs minùsve explicato. —*
Long. 14-18 mil.

Cette espèce ressemble beaucoup au *T. annularis* Men. (*Illyricus* Muls.)
après lequel elle doit se placer : elle en a presque la taille, la forme et la
coloration. Elle en diffère principalement par son pronotum dont les taches
sont rapprochées, réunies ou rarement séparées par une ligne testacée
étroite, ne se portant pas autant sur les côtés. De plus la sculpture et la
pubescence des élytres sont plus grossières et moins serrées. Enfin ses
tarses sont évidemment plus allongés et leurs articles séparément moins
élargis.

Tarbes, pendant les mois d'avril et de juin, sur les arbres en fleurs,
pas rare.

L. PANDELLÉ.

RHAGONYCHA HETERONOTA. — *Elongata ; nitidula, abdomine
opaco ; pube laxiori sat depressa undique obtecta ; testacea pectore
nigro antennis excepta basi, tarsisque sæpiùs infuscatis. Capite
valido ponè oculos densiùs punctulato : antennis art.* 2°, 3° *duplò
minore,* 4° *tertium vix superante. Pronoto lucidiori anticè angustato
versùs tertiam partem posticam latiore, pube laxiori subhirsuta et
punctulis obsoletis in disco instructo ; sulcis benè impressis. Elytris
elongatis, retrorsùm gradatim latescentibus, pronoto ferè quadruplò
longioribus, laxè pilosis et coriaceis. — Mas angustior ; oculis valdè
prominulis ; antennis ferè corporis longitudine ; abdomine segmento*
7° *in medio subtruncato, angulis producto,* 8° *exerto. Capite ponè
oculos elytrisque nigris. — Fæmina latior : antennis dimidiam
elytrorum partem vix superantibus abdomine segmento* 7° *apice
subtruncato versùs angulos rotundato. Capite elytrisque concolori-
bus. —* Long. Mâle : 6—7,5 — Fem. : 8-8,5mm.

Cette espèce, par la forme de son pronotum et de ses élytres, se place dans le groupe de la *R. fuscicornis*. Elle est notablement distincte de cette espèce par son genre de coloration. La *R. Fairmairei* Marseul (Abeille, Telephorides, p. 91) d'Espagne occidentale, dont je ne connais que la description, semble très-voisine du mâle de la *R. heteronota*. Je ferai remarquer que chez cette dernière les antennes dépassent considérablement les ²/₃ des élytres et atteignent presque leur sommet; que les élytres surpassent le pronotum de trois fois sa longueur; différences à noter parce qu'elles sont habituellement spécifiques. Enfin l'auteur ne signale aucune modification sexuelle dans la coloration de la *R. Fairmairei*.

Hautes-Pyrénées. Juin, juillet, pas très-rare dans les endroits humides.

L. PANDELLÉ.

RHAGONYCHA GRACILIS. — *Angusta, elongata, subparallela : oculis exceptis, omninò testacea; nitida; elytris, abdomineque obscurioribus; pube sat depressa laxiori obtecta. Capite mediocri, ponè oculos evidentiùs punctulato, oculis valdè exertis : antennis gracilibus, art. 4º 2ᵘᵐ plùs dimidia parte, 3ᵘᵐ ferè quarta parte superante. Pronoto parum lucidiori, quadrato; margine antico in medio depresso cum angulis leviter rotundato; lateribus fovea antica benè impressa; disco laxè et subhirsutè piloso, vix conspicuè punctulato. Elytris pronoto ferè quintuplo longioribus, subparallelis, laxè coriaceis et pilosis. Pedibus gracilibus. — Mas angustior; oculis leviter majoribus et magis exertis : antennis ferè corporis longitudine : abdomine segmento 7º in medio subtruncato angulis obtusè productis, 8º exerto : tarsis anticis ungulo uno basi rotundatim unguiculato. — Femina : antennis vix brevioribus : abdominis segmento 7º posticè cum angulis rotundato aut vix sinuato. 8º intùs retracto. — Mas, fem., antennarum art. 2º dimidiam tertii partem æquante aut vix superante : pronoto anticè pariter rotundato. — Long. 10 mil.*

Cette espèce ressemble surtout à la *R. ericeti* Ksw., et ne semble au premier abord qu'une variété de petite taille. Elle en diffère par sa forme générale un peu plus courte quoique grêle, par la longueur de ses antennes et la brièveté comparative du 2ᵉ article qui chez la *R. ericeti* est à peine du quart inférieur au 3ᵉ. Sa forme étroite, les proportions des 2ᵉ, 3ᵉ et 4ᵉ articles des antennes, la longueur plus considérable de leur ensemble, ainsi que la couleur testacée de l'abdomen, la séparent aussi de la *R. trans-*

12

lucida Kryn. Le mâle offre d'ailleurs le 2ᵉ article des antennes et le pronotum comme chez la femelle et porte aux tarses antérieurs l'onglet arrondi propre à l'*ericeti*.

Hautes-Pyrénées. Juillet, sur les arbres. Rare, surtout les femelles.

L. PANDELLÉ.

ANOBIUM REYI. — *Elongatum, subcylindricum, nitidulum, cinereo-pubescens, rufo-ferrugineum; fronte convexa. Thorace fortiter convexo, transverso, lateribus rotundato, subtiliter canaliculato, subtiliter granulatis, angulis posticis rotundatis; elytris elongatis subparallelis convexis, leviter striato-punctatis, interstitiis subtilissimè densèque rugulosis; antennis elongatis linearibus, articulo 3º secundo minore, 4-8 brevibus; tarsis elongatis.* — Long. 4 à 6 mil.

Corps allongé, assez brillant, d'un roux testacé ou d'un brun ferrugineux, revêtu d'une pubescence cendrée courte, très-abondante sur les élytres, moins visible sur la tête et le corselet. Tête transversale inclinée, assez convexe sur le front, à ponctuation granuleuse très-fine; épistome échancré en arc; yeux saillants globuleux. Antennes allongées d'un roux testacé; 1ᵉʳ article en massue arqué; 2ᵉ ovalaire, de moitié plus long que large; 3ᵉ plus étroit et plus court que le précédent; 4-8 très-courts et contigus, légèrement transversaux; les 6ᵉ et 8ᵉ légèrement plus étroits que les voisins; chez le mâle, massue composée de trois articles plus épais, le premier est presque aussi long que la partie de l'antenne qui le précède, le deuxième est un peu plus court que celui-ci, le dernier est subégal au premier; chez la femelle, le premier article de massue est un peu plus long que les six précédents réunis, les deux suivants sont subégaux et un peu plus courts que le premier.

Corselet transversal, obliquement tronqué au sommet, arrondi sur les côtés, rétréci en arrière, avec les angles postérieurs arrondis, très-légèrement bisinué à la base, finement rebordé dans son milieu, rebords latéraux étroitement relevés; très-convexe, avec une légère dépression devant les angles postérieurs, précédé d'une fossette arrondie peu sensible, et offrant un léger sillon longitudinal, obsolète sur le milieu du disque; surface couverte d'une granulation fine et serrée et revêtue d'une pubescence courte et assez serrée. Écusson obtusément arrondi en arrière, ponctué et pubescent comme les élytres. Élytres cylindriques à peu près quatre fois plus longues que le corselet, pas plus larges que celui-ci, à dix stries légères, finement ponctuées, et une courte strie scutellaire, intervalles légèrement convexes, à rugosités transversales très-fines et très-serrées; surface très-densément revêtue d'une pubescence courte et cendrée. Dessous du corps très-finement et très-densément rugueux à pubescence cendrée, fine et courte, plus abondante et plus visible sur l'abdomen. Lame des hanches postérieures très-étroite, sensiblement plus large dans le milieu. Pattes assez allongées, finement rugueuses et pubescentes, tarses allongés, le deuxième oblong, presque deux fois plus court que le premier, les deux suivants courts obconiques aussi longs que larges et presque aussi longs ensemble que le deuxième, le dernier est un peu plus long que le précédent.

Mâle : Yeux un peu plus saillants, antennes environ deux fois plus longues que le corselet, dernier segment abdominal arrondi.

Femelle : antennes à peine plus longues que le corselet, dernier segment abdominal obtusément arrondi à son extrémité.

Cette espèce vient se placer près de l'*hirtum,* elle ressemble beaucoup à l'*Oligomerus brunneus,* elle s'en distingue par ses antennes de onze articles, son corselet non gibbeux, à angles antérieurs presque arrondis, par ses stries à points plus fins et simples, et par sa pubescence cendrée plus épaisse.

Trouvé à Collioures par Delarouzée et le docteur Grenier, à Marseille par M. Abeille; j'ai dédié cette espèce à M. Claudius Rey, un de nos plus remarquables entomologistes.

Cʜ. Bʀɪs.

Lᴀɢʀɪᴀ Gʀᴇɴɪᴇʀɪ. — *Oblongo-ovata, nigra, longius cinereo-hirsuta pilosis, capite subtiliter punctato, antice transversim sulcato ; thorace subquadrato, densè punctato, medio transversim ruguloso; elytris testaceis, rugoso-punctatis.* — Long. 10 à 11 mil. larg. 4 à 4 3/4 mil.

Presque de la forme de l'*atripes* Muls. Tête presque arrondie, à peine plus étroite que le corselet, couverte d'une ponctuation peu serrée, plus forte et plus abondante derrière les yeux, avec un sillon transversal profond allant d'une antenne à l'autre, et une petite fossette arrondie placée entre les yeux. Antennes un peu plus longues que la tête avec le corselet, un peu épaissies vers leur extrémité, faites comme chez la *lata,* mais un peu plus grêles. Corselet presque carré, déprimé, sinué sur ses côtés avant l'angle postérieur qui est saillant et aigu, légèrement sillonné dans son milieu; surface couverte d'une ponctuation fine et assez serrée et dans le milieu du disque avec une série longitudinale de rugosités transversales, qui ne touchent ni la base ni le sommet. Élytres subovalaires avec les épaules arrondies et peu saillantes, assez fortement élargies après la moitié de leur longueur et un peu acuminées vers leur extrémité; surface assez densément et assez fortement ponctuée, couverte de rugosités transversales, assez fortes et assez serrées, revêtues d'une villosité hérissée, longue, d'un gris blanchâtre plus abondant que sur la tête et le corselet. Dessous du corps d'un noir brillant à ponctuation fine et peu serrée, revêtu d'une pubescence grise assez longue, couchée, fine et peu serrée. Pattes noires et grêles, ciliées de longs poils gris.

Cette espèce ressemble aux petits individus de la *lata*, mais elle s'en éloigne par sa forme moins large, son corselet ponctué et rugueux dans son milieu, et par ses élytres ovalaires, plus fortement rétrécies à leur base, à rugosités bien moins fortes.

Trois femelles, l'une trouvée à Collioures par Delarouzée, les deux autres prises à Saint-Sever par le docteur Grenier, à qui je dédie cette jolie espèce.

Ch. Bris.

Asclera cinerascens. — *Angusta, subparallela; obscurè cyanea; pilis densioribus cinerascens. Prothorace concolori, lateribus non fossulato. Elytris subtiliùs coriaceis cum nervulis quatuor parùm conspicuis. — Mas angustior; oculis paulò magis exertis; antennis leviter gracilioribus et longioribus; abdomine, segmento 5° in medio margine postico solùm angulato, pygidio angusto hoc sesquilongiore. — Femina; abdomine segmento 5° in medio margine postico styliformè et obtusè producto, subtùs longè setigero; pygidio triangulari subconicè revoluto, segmentum 5um æquante.* — Long. 8,9-10,2 mil.

Cette espèce est intermédiaire à la *Sanguinicollis* et à la *Cærulea*. Elle ressemble surtout à celle-ci. Elle en diffère par sa forme plus allongée, sa sculpture plus fine et sa pubescence courte et serrée qui donne aux élytres surtout un aspect gris. Les soies dont les élytres sont visiblement hérissées en arrière chez l'*A. cærulea* sont ici bien moins apparentes. Enfin la femelle a le 5e arceau ventral terminé par un style mousse presque toujours allongé.

Hautes-Pyrénées (800 à 1,500 m.). Mai et juin, sur les aubépines et les genêts. Très-rare.

L. Pandellé.

SYNOPSIS

DES APION FRANÇAIS DU GROUPE DE L'ULICIS

Par L. Pandellé

Les Charançons du genre Apion ont été l'objet de beaucoup de publications. Je me bornerai à citer la plus récente, qui est la monographie de M. Wencker, insérée dans le premier volume de l'Abeille de M. de Marseul. Néanmoins, comme c'est un genre difficile, plusieurs parties ont encore besoin d'être éclaircies. Présentement je me bornerai à l'analyse de quelques espèces formant, avec l'*Ulicis* Forst., un groupe compris entre l'*A. squamigerum* et l'*A. vernale*, lequel peut être caractérisé comme suit :

Tarsis sat validis, articulo quarto duobus præcedentibus vix æquali. Rostro, basi excepta, gracili, nitido, glabro. Antennis ad insertionem non magis dimidiam rostri partem quam oculos approximantibus. Pronoto non anticè tumido. Scapulis elytrorum evidentioribus; elytris opacis, coriaceis, fere parallelis, vestitura laxa aut densiori sed piliformi. Pube densiori subsquamosa aut uniformi, aut vittatim, aut maculatim disposita. Antennis pedibusque maxima parte testaceis.

Mas: rostro basi extus dentato. Segmento ventrali quinto latius truncato, pygidio exerto aut dehiscente.

Fæmina : rostro fere recto. Capite interstitio inter-oculari non oculis latiore, subtus scrobis prolongatis, non excavato. Elytris posticè breviter decumbentibus, angulis suturalibus rectis, contiguis. Segmento ventrali quinto pube condensata. Ungulis basi dilatato-dentatis.

1. — Pronoto lateribus ante basim tumidulo : elytris latioribus subquadratis. Mas, pedibus simplicibus.

2. — Elytris pube unicolori aut vix variegata.

Chez la femelle, le bec est à peu près de la longueur de la tête et du pronotum.

3. — Antennarum clava leviter, femoribus basi, posticis longiùs, et tarsis infuscatis; tibiis dilutioribus. — Long. (rostro excluso) 2-2,5^{mm}. Ubique toto anno, in ulice, vulgatissimus.

Förster, *Cent.* 31. — Schönherr, V. 392. — Wenck. *Mon. Apion,* (Ab. Ent.) 43.   **ulicis.**

Mâle. Bec et sa dent basilaire à peine plus robustes.

Femelle. Bec de la longueur de la moitié du corps, d'épaisseur double à sa base, des yeux à l'insertion antennaire notablement plus court que les yeux, scrobe antennaire armé d'une dent en arrière.

— **3'** — Antennis pedibusque testaceis femorum extrema basi tarsisque infuscatis.

4.— Mas: rostro leviter longiore et graciliore (quam in sequente). Femina: rostro dimidiam corporis longitudinem superante, basi vix crassiore usque ad antennas oculis saltem sesquilongiore; scrobo antennarum posticè edentato. — Long. 2-2,5ᵐᵐ.

Tarbes, Toulouse, Châteauroux. In ulice, ferè toto anno. Sat frequens.

Nova species.   **uliciperda.**

— **4'** — Mas: rostro leviter breviore et crassiore. Femina; rostro vix longitudinem capitis cum pronoto superante, basi sesquicrassiore, usque ad antennas oculis evidenter breviore; scrobo antennarum postice dentato. — Long. 2-2,5ᵐᵐ.

Ubique. Toto anno, in ulice. Frequens.

Herbst. *Col.* VII. 114 — Schönherr. V. 393. — Wenck. *Mon. Apion.* 44.   **difficile.**

— **2'** — Elytris longitrorsùm in vitta discali et margine exteriore albidosquamosis, sutura et lateribus obscurè aurichalceis.

Pattes testacées; origine des cuisses et les tarses rembrunis. Bec moins grêle, presque de moitié plus large à la base, des yeux aux antennes plus court que les yeux, ayant chez la femelle la longueur de la tête et du pronotum réunis, plus court chez le mâle, scrobe antennaire armé d'une dent, dans les deux sexes.

5. — Majus. Antennarum funiculo obscuriore, clava dilutiore: elytris vitta suturali anticè angustiore. Mas: rostro ferè longitudine capitis cum pronoto. — Long. 2,2-2,8ᵐᵐ.

Ubiquè. Tempore vernali et autumnali, in genista. Rarò.

Mulsant. *Op.* IX. 14. — Wencker, *Mon. Apion.* 46. (*Bivittatum Gerst.?*)   **funiculare.**

— **5'** — Minus. Antennarum funiculo dilutiore, clava infuscata:

elytris vitta suturali anticè dilatata. Mas : rostro capite cum pronoto evidenter breviore. — Long. 1,7-2,2^{mm}.

In genista. Junio. Rariùs.

Kirby. 247. — Schonh. I. 271. — Wenck. *Mon. Ap.*48. **genistæ.**

— **1'** — Pronoto, dimidia parte postica quadrato. Elytris angustis. Mas: tarsis quatuor posticis art. 1º subtùs apice spina gracili, leviter adunca, armato. — Long. 2,3 3^{mm}.

Ubique. Maio et junio, in genista. Non rarò.

Fabricius. *Syst. Ent.* 131. — Schonherr. I. 270. — Wenck. *Mon. Ap.* 47. **fuscirostre**.

Pubescence d'un brun jaune, légèrement métallique; côtés du pronotum et des élytres à écailles blanches; sur la moitié antérieure des élytres, une bande blanche menée obliquement des épaules vers le milieu de la suture, mais ne dépassant pas le 3e intervalle. Antennes et pattes testacées; base des cuisses, surtout les postérieures, et tarses rembrunis. Bec subfiliforme, plus court que la tête et le pronotum réunis, de largeur double à la base; la partie qui s'étend des yeux à l'insertion antennaire plus courte que les yeux; scrobe denté en arrière. Mâle; bec assez robuste, d'un quart plus court que la tête et le pronotum réunis ; celui de la femelle seulement d'un 5e ou d'un 6e plus court.

CHORAGUS GRENIERI. — *Oblongo-ovatus, subglaber, niger opacus, antennarum basi tarsisque ferrugineis; thorace modice convexo, anticè angustato, confertissimè punctulato; elytris profundè punctatostriatis, parum nitidis, interstiis densissimè punctulatis; pedibus piceis.* — Long., un peu plus de 2 mil.

D'un noir presque opaque, légèrement brillant sur les élytres. Tête forte, arrondie, convexe sur le front et presque plane entre les yeux, très-densément pointillée, les points plus forts entre les yeux ; rostre très-court, à peine distinct de la tête, à surface très-plane et à ponctuation semblable à celle de la tête; yeux ovalaires, convexes, situés sur le front, obliques, deux fois plus distants à leur base qu'à leur sommet. Antennes grêles, un peu plus longues que le corselet, noirâtres avec les deux premiers, articles testacés ; ces derniers sont allongés, assez épais, le 2e étant un peu plus long que le 1er, les 3-8 sont très-grêles, 3-6 allongés, le 8e arrondi, les deux derniers forment une massue peu épaisse à articles trèslâches, le premier est subconique, un peu plus long que large et un peu plus long que le suivant, celui-ci et le dernier sont arrondis et presque égaux. Corselet à son bord postérieur beaucoup plus large que la tête, tronqué en avant, légèrement bisinué en arrière, assez fortement rétréci de la base au sommet, légèrement arrondi sur les côtés, avec une légère sinuosité qui fait saillir en dehors les angles postérieurs ; surface à ponctuation très-serrée et fine, avec une strie transversale occupant tout le bord postérieur. Écusson très-petit et étroit, noir opaque. Élytres convexes, un peu plus de deux fois plus longues que le corselet et pas plus larges que celui-ci à son bord postérieur, presque parallèles, arrondies à l'extrémité, assez fortement striées, ponctuées, intervalles presque plans, très-densément pointillés ; surface couverte d'une pubescence obscure courte et peu visible avec une légère dépression s'étendant un peu sous l'écusson et le long du bord antérieur jusqu'à l'épaule qui est peu saillante. Pygidium assez grand, déprimé, sillonné à la base, finement rugueux. Dessous du corps densément ponctué, poitrine à ponctuation éparse. Pattes d'un brun obscur avec les trocanters, les genoux et les tarses plus clairs.

Cette espèce se distingue facilement des deux *Choragus* connus, par sa taille plus grande, ses yeux obliques, beaucoup plus rapprochés à leur partie supérieure, par les angles postérieurs de son corselet, plus saillants, par ses élytres à ponctuation plus forte et plus serrée.

Cette jolie espèce a été trouvée par M. Raymond à la Sainte-Baume, sur le chêne-liége.

J'ai dédié cet insecte au docteur Grenier à qui il appartient.

Ch. Bris.

BARYNOTUS PYRENÆUS DEJ.— *Nigrò-piceus, densè cinereo-squamulosus, parcè pallido setosus, antennis tibiis apice tarsisque ferrugineis ; rostro sulcato punctato ; thorace canaliculato, granulato et punctato ; elytris punctato-striatis, interstiis alternis elevatis, costatis.* — Long. 7-9 mil.

Tête assez courte, à ponctuation fine et serrée, à peine squameuse. Rostre un peu plus long et un peu plus étroit que la tête, épais, à peine courbé, assez fortement dilaté vers le sommet, dessus assez plane ; surface couverte d'une ponctuation médiocre et peu serrée, vers les côtés et le sommet avec quelques rugosités longitudinales et au milieu avec un sillon longitudinal profond qui remonte à la hauteur du bord antérieur des yeux. Yeux arrondis, subdéprimés. Antennes à peine de la longueur de la tête avec le corselet, les deux premiers articles du funicule oblongs, subégaux,

5-8 arrondis, pas plus larges que longs, massue en ovale acuminé. Corselet un peu plus large que long, tronqué à la base et au sommet, un peu rétréci en avant, très-légèrement en arrière, latéralement un peu arrondi, modérément convexe ; dessus densément couvert de tubercules aplatis et contenant un gros point enfoncé dans leur milieu, ces tubercules se réunissent plus ou moins et prennent ainsi un aspect varioïé ; surface revêtue de squamules cendrées légèrement cuivreuses, plus ou moins éparses, mais généralement plus condensées vers les côtés et la base, dans son milieu avec un canal longitudinal plus ou moins distinct et plus ou moins raccourci en arrière. Écusson très-petit. Élytres à leur base un peu plus larges que le corselet, plus de moitié plus longues que larges chez le mâle, à peine de $1/3$ plus longues que larges chez la femelle, distinctement échancrées en avant, avec leurs angles huméraux très-saillants, fortement dilatées, arrondies sur les côtés (femelle), très-peu (mâle), distinctement comprimées vers leur sommet qui est un peu atténué ; surface médiocrement convexe (mâle), très-convexe (femelle), couverte d'une squamosité très-serrée, cendrée ou cendrée-cuivreuse, avec la suture postérieurement et les intervalles alternes relevés en côtes saillantes, ces côtes s'affaiblissent en arrière et sont plus saillantes chez le mâle que chez la femelle, de plus elles sont couvertes de soies grises et redressées, plus longues et plus visibles en arrière. Dessous du corps d'un noir de poix peu brillant, densément et assez fortement ponctué, couvert d'une pubescence grise, courte et peu serrée. Pattes assez fortes, cuisses peu ponctuées, tibias ponctués, les antérieurs légèrement bisinués au côté interne. Chez le mâle les metasternum et premier segment abdominal sont largement et assez fortement déprimés.

Cette espèce a souvent été confondue avec l'*Alternans*, je lui ai conservé le nom qu'elle portait dans la collection de Dejean. Elle se distingue de l'*Alternans* par sa squamosité moins dense, sur la tête et le corselet, par son rostre plus fortement sillonné, par ses élytres à côtes plus saillantes et à épaules plus aiguës, et enfin par ses soies plus longues.

Se prend communément aux environs de Bagnères de Bigorre, dans la plaine et dans la montagne.

Ch. Bris.

Phytobius muricatus. — *Breviter ovatus, niger nitidulus, supra parcè inæqualiter, subtus densè cinereo-squamulosus, antennarum basi pedibusque obscurè-ferrugineis, rostro valido densè punctato, thorace transverso, quadrituberculato, fortiter punctato ; elytris profondè punctato-striatis, interstitiis, convexis coriaceis, exterioribus tuberculatis.* — Long. 1 1/2 à 1 3/4 mil.

Tête arrondie, peu convexe, déprimée entre les yeux, avec le bord latéral relevé le long du côté interne des yeux, couverte d'une ponctuation rugueuse très-serrée et assez forte ; surface presque glabre, yeux médiocres, arrondis, légèrement saillants en avant. Rostre fort, à peine plus long que la tête, distinctement courbé, couvert d'une ponctuation rugueuse, très-serrée. plus fine que celle de la tête ; surface à peine squameuse. Antennes noirâtres avec la base d'un brun obscur, premier article obconique deux fois plus long et deux fois plus épais que le deuxième, celui-ci un peu plus long que le troisième, les trois suivants courts contigus, le septième est appliqué contre la massue et fait partie de celle-ci Corselet transversal, peu convexe, non rétréci en arrière, assez fortement rétréci en avant dans sa seconde moitié, légèrement arrondi sur le milieu de ses côtés. bord antérieur avancé dans son milieu et présentant une petite entaille triangulaire terminée de chaque côté en forme de dent pointue, de chaque côté du disque avec un tubercule lentiforme aigu, assez fortement saillant, base fortement bisinuée avec le lobe médiaire fortement prolongé ; surface ponctuée comme la tête avec une squamosité grise condensée vers les côtés latéraux et au-dessus de l'écusson. Élytres arrondies médiocrement convexes, épaules légèrement saillantes, à stries profondes et finement ponctuées, intervalles convexes transversalement ruguleux, avec une série de tubercules écartés, sauf sur les deux premiers et le dernier intervalle qui sont non tuberculés ; surface revêtue d'une squamosité blanchâtre formant quelques petites taches peu visibles, répandues çà et là, et deux taches bien visibles, situées à la base et avant l'extrémité de la suture.

Dessous du corps couvert d'une ponctuation rugueuse serrée et assez forte, et revêtu d'une squamosité blanchâtre assez serrée, prosternum très-étroit. Pattes ferrugineuses avec le milieu des cuisses et l'extrémité des tibias un peu obscurcis ; cuisses mutiques, crochets des tarses non dentés, un peu plus courts que les trois articles qui précèdent.

Mâle, avec les deux premiers segments de l'abdomen légèrement impressionnés, le dernier avec une petite fossette arrondie et peu profonde ; tibias intermédiaires terminés à leur extrémité interne par une petite épine droite dirigée en dedans.

Cette espèce a été généralement regardée comme le *quadrinodosus*. Elle s'en distingue facilement par sa forme plus courte, la ponctuation bien plus fine de la tête et du corselet, par la tête plus petite, le rostre plus long et moins fort, par les élytres tuberculées sur un plus grand nombre d'intervalles, par les crochets de ses tarses non dentés et enfin par les tibias postérieurs des mâles non épineux à leur extrémité interne.

Mon frère et moi avons trouvé cette espèce, sous les mousses, dans la forêt de Marly. Ch. Bris.

LEIOSOMUS MUSCORUM. — *C. Bris (mat. Gren. pag. 101.)*

Lorsque j'ai décrit cette espèce dans le catalogue du docteur Grenier, paru en 1863, j'ai confondu ensemble deux espèces. La description du mâle se rapporte bien au *Muscorum*, mais ce que je croyais être la femelle est une espèce distincte que je décris maintenant sous le nom de *Discontignyi.*

Chez les *Leiosomus* les deux sexes ont les cuisses dentées ou mutiques suivant l'espèce, mais on ne rencontre jamais les cuisses dentées chez un sexe lorsqu'elles sont mutiques chez l'autre.

La femelle du *Muscorum* diffère du mâle par sa forme plus courte, ses élytres plus globuleuses et par la base de son abdomen sans impression.

Mon *Leiosomus geniculatus* se rapporte évidemment comme variété au *L. muscorum* femelle, j'en ai pris plusieurs individus dans les Pyrénées avec les pattes d'un rouge ferrugineux et les genoux noirs ; pour ce qui est des stries, comme elles varient beaucoup de force, ce caractère n'a pas de valeur ; j'avais aussi exagéré le rapport de longueur des 2 et 3 articles du funicule, en réalité chez le *Muscorum* le 2e article du funicule est un peu plus de moitié plus long que le 3e.

J'ai indiqué le *Geniculatus* comme trouvé à Rouen par M. Leboutellier ; je serais tenté de penser qu'il y aurait là une erreur de localité.

CH. BRIS.

LEIOSOMUS DISCONTIGNYI. — *Subglaber, niger nitidus, antennis ferrugineis, pedibus nigro piceis, tarsis ferrugineis ; rostro arcuato, minus densè punctato, obsoletè carinato ; elytris fortiter punctato-striatis , interstitiis planis, uniseriatim punctulatis ; femoribus dentatis ; pectore utrinque albo pubescente.* — Long. 2-2,5 mil. sans le rostre.

Cette espèce est extrêmement semblable à l'*Ovatulus* ; il suffit d'en donner les caractères distinctifs, car la description serait à peu près la même. Elle est toujours d'une forme plus allongée que l'*Ovatulus*, sa ponctuation est un peu moins grosse sur le corselet, ses élytres présentent des stries moins profondes, souvent même à peine tracées, et leurs points sont un peu moins gros et moins rapprochés, et enfin leurs pattes sont moins massives, à tibias plus grêles.

Le mâle présente une forme un peu plus allongée que la femelle, la base de son abdomen est légèrement déprimée et ses tibias antérieurs sont très-légèrement courbés ; la femelle présente comme chez l'*Ovatulus* un caractère assez singulier, à la base de chaque élytre on voit une petite échancrure profonde à l'extrémité de la troisième strie; cette échancrure disparaît à peu près complétement chez le mâle.

Variété à tibias ferrugineux.

Cette espèce est extrêmement commune sous la mousse des collines et montagnes des environs de Bagnères de Bigorre.

Je la dédie à M. Discontigny en souvenir des nombreuses chasses que j'ai faites en sa compagnie.

Ch. Bris.

LEIOSOMUS PYRENÆUS. — *Oblongo-ovatus, niger, nitidus, subglaber; antennis ferrugineis, clava obscura; pedibus nigro-piceis, tibiis tarsisque ferrugineis; rostro arcuato, subtiliter minus crebrè punctato; thorace sat crebrè punctato, non carinato, lateribus leviter rotundato; elytris nigro-virescentibus, punctato-striatis interstitiis planis, sat latis, uniseriatim parcèque punctulatis; pectore utrinque glabra; femoribus muticis.* — Long. 1 mil. 3/4 à 2 mil. 1/3 sans le rostre.

Tête arrondie, convexe, légèrement déprimée entre les yeux, couverte d'une ponctuation fine et écartée. Rostre un peu plus court que le corselet chez le mâle, de la longueur du corselet chez la femelle, légèrement arqué, légèrement strié et couvert d'une ponctuation assez fine et écartée. Antennes assez grêles, ferrugineuses, à massue noirâtre, 2e article du funicule conique, deux fois plus long que le 3e, les suivants contigus, peu à peu plus larges, le 3e légèrement, le 7e fortement transversal, massue en ovale acuminé. Corselet aussi long que large (mâle), ou à peine plus large que long (femelle), distinctement rétréci en avant, à peine en arrière, légèrement arrondi sur les côtés, sa plus grande largeur se trouvant au 1/3 antérieur, couvert d'une ponctuation peu forte et peu serrée. Élytres en ovale un peu court, un peu plus larges chez la femelle, à leur base à peine plus large que le corselet, avec neuf séries de points assez gros vers la base et plus fins vers l'extrémité, placées dans des stries légèrement tracées, sauf la 9e qui est assez fortement enfoncée, intervalles à peu près plans avec une série de points petits et écartés. Dessous du corps à ponctuation forte et écartée sur le metasternum et la base de l'abdomen, dernier segment abdominal opaque, à ponctuation fine et serrée. Pattes médiocres, ferrugineuses, avec les cuisses en tout ou en partie d'un noir de poix plus ou moins obscur, celles-ci mutiques; tibias à peu près droits. Mâle : base de l'abdomen avec une profonde dépression longitudinale, tibias antérieurs presque droits.

Cette espèce, voisine du *Muscorum*, s'en éloigne par son rostre un peu moins épais, son corselet non caréné à ponctuation un peu plus fine, les élytres moins allongées à épaules moins accusées, ses tibias à peu près droits chez les deux sexes et enfin par les côtés latéraux de sa poitrine glabres.

Pas rare sous les mousses des montagnes des environs de Bagnères de Bigorre.

Ch. Bris.

LEIOSOMUS. PANDELLEI. — *Oblongo-ovatus, convexus, subglaber, niger, nitidus, antennis ferrugineis, clava obscura, pedibus piceo-ferrugineis tarsis dilutioribus : rostro leviter arcuato, subtiliter punctulato ; thorace subovato, subtiliter minus crebrè punctato, lateribus leviter rotundato ; elytris subtiliter punctato-striatis interstitiis latis planis, uniseriatim parcèque punctulatis ; femoribus muticis.* — Long. 2,5 mil. sans le rostre.

Tête assez large, modérément convexe, couverte d'une ponctuation fine et assez serrée avec une dépression transversale entre les yeux. Rostre légèrement arqué, médiocrement fort, un peu élargi vers l'extrémité, aussi long que le corselet, couvert d'une ponctuation fine et peu serrée sur le disque, un peu plus forte, plus serrée et mêlée de quelques rugosités longitudinales sur les côtés. Antennes ferrugineuses avec la massue plus obscure, médiocrement fortes, 1er article du funicule allongé, obconique, 2e conique, d'un tiers plus long que large et presque deux fois plus court que le premier, 3e légèrement transversal, 3-7 contigus et peu à peu plus larges, massue en ovale acuminé. Corselet beaucoup plus large que la tête, aussi long ou presque plus long que large, un peu rétréci en avant, à peine en arrière, antérieurement, légèrement, postérieurement, fortement bisinué, un peu arrondi sur les côtés avec sa plus grande largeur avant le milieu ; surface couverte d'une ponctuation assez fine et peu serrée, avec un étroit espace longitudinal lisse au milieu. Écusson très-petit. Élytres ovales, ayant leur plus grande largeur vers le milieu de leur longueur, à leur base plus large que le corselet, avec les épaules presque rectangulaires et distinctement déprimées dans la région scutellaire ; ponctuées-striées, les points des stries sont écartés, assez forts à la base et deviennent peu à peu très-fins vers l'extrémité ; les stries sont à peu près nulles sauf la première et la neuvième qui sont distinctement tracées, intervalles planes et larges, avec une série de points très-fins et écartés. Dessous du corps à ponctuation très-forte, peu serrée sur le milieu de la poitrine, assez fine et écartée sur l'abdomen et plus fine et très-serrée sur le dernier segment abdominal, mésopleures couvertes d'une tomentosité assez dense d'un blanc jaunâtre; surface d'un noir médiocrement brillante avec les trois derniers segments de l'abdomen d'un brun obscur ou d'un brun ferrugineux. Pattes assez fortes, ferrugineuses ou d'un brun ferrugineux obscur, avec les tarses plus clairs, tibias antérieurs presque droits, cuisses mutiques. Mâle inconnu. Forme et taille du *Rufipes*, mais bien distinct de toutes les espèces connues par sa ponctuation plus fine, son rostre assez long, ses élytres à stries presque nulles et bien plus finement ponctuées, par leurs intervalles très-larges, et enfin par les côtés de la poitrine glabre et par ses épaules rectangulaires.

Cette espèce a été trouvée dans les Hautes-Pyrénées, par M. Pandellé, à qui je l'ai dédiée.

. Ch. Bris.

Sibynes meridionalis. — *Subovatus, convexus, piceus, supra cinereo-fuscus, subtus albo-squamosus, rostro, antennis pedibusque ferrugineis; thorace anticè angustato, basi leviter bisinuato; elytris obscurè ferrugineis, punctato-striatis, interstitiis planis.* — Long. 1,5 à 2 mil.

Tête arrondie, couverte d'une squamosité très-dense, d'un cendré jaunâtre, à reflets légèrement brillants, entre les yeux cette squamosité est un peu plus foncée et forme comme une tache oblongue. Yeux sub-déprimés. Rostre cylindrique, presque entièrement glabre, à peu près de la longueur du corselet; chez le mâle avec une ponctuation fine et de légères rugosités longitudinales, surtout à sa base; chez la femelle, le rostre est un peu plus long et presque lisse. Antennes d'un ferrugineux plus ou moins clair, quelquefois avec la massue plus obscure, 1er art. du funicule allongé, environ trois fois plus long que le suivant, 2e et 3e subégaux et oblongs, les trois suivants arrondis, massue en ovale acuminé. Corselet de même forme, mais un peu plus court que chez le *sodalis*, couvert d'une squamosité très-dense, d'un cendré jaunâtre ou fauve, un peu blanchâtre. Elytres un peu courtement ovalaires, moins allongées que chez le *sodalis*, arrondies séparément à l'angle sutural et ne couvrant pas le pygidium, ponctuées-striées comme chez le *sodalis*, couvertes d'une squamosité très-dense, d'un cendré fauve ou jaunâtre, quelquefois avec l'intervalle sutural blanchâtre. Dessous du corps très-densément revêtu d'une squamosité blanchâtre. Pattes ferrugineuses, à squamosité semblable à celle du dessus du corps, mais moins serrée, cuisses mutiques, tibias presque droits, terminés à leur sommet interne par une petite épine.

Variété A, entièrement couverte d'une squamosité d'un blanc argenté assez brillant.

Cette espèce, très-voisine du *sodalis*, s'en distingue facilement par sa forme plus courte et plus convexe, et par sa squamosité non variée de petites taches blanches.

Elle se prend au bord des étangs salés, à Nice, à Rognac et à Béziers.

Ch. Bris.

RHYNCOLUS GRANDICOLLIS. — *Lineari elongatus, subcylindricus nitidus, glaber, nigro-piceus, pedibus antennisque rufo-ferrugineis, his clava dilutiore; rostro crassiusculo longitudine capitis, punctulato thorace elongato, anticè angustato, lateribus leviter rotundato, minus densè punctulato; elytris subparallelis, punctato-striatis, interstiis leviter convexis, seriatim parcè punctulatis, nono posticè cariniformis.* — Long. 3,5-4 mil.

Tête grande, convexe et lisse en arrière des yeux, moins convexe et à ponctuation assez serrée sur le reste de sa surface, avec un petit sillon longitudinal entre les yeux ; yeux arrondis médiocres. Rostre à peu près de la longueur de la tête, un peu plus étroit que celle-ci, légèrement courbé et modérément convexe en dessus, non dilaté ni rétréci au sommet, ponctué comme la tête. Antennes presque aussi longues que la tête et le rostre, fortes, légèrement épaissies au sommet, scape légèrement courbé en dessus, 1er article du funicule conique, un peu plus long que large, les suivants contigus, 3-7 transversaux, peu à peu plus larges, massue petite d'un testacé ferrugineux. Corselet beaucoup plus long que large, assez fortement rétréci en avant, tronqué au sommet, légèrement bisinué à la base, arrondi sur les côtés avec sa plus grande largeur vers les ²/₃ de sa longueur; surface couverte d'une assez fine ponctuation assez écartée, un peu plus serrée vers la partie antérieure. Écusson très-petit. Élytres un peu plus de moitié plus longues que le corselet, presque un peu plus étroit que celui-ci, subparallèles, arrondies à l'extrémité, base de chacune un peu échancrée avec les épaules légèrement saillantes, assez fortement striées-ponctuées, la suturale plus profondément enfoncée, intervalles une fois et demie plus larges que les points des stries, convexes, avec une série de points fins et écartés, le 9e dans ses ²/₃ postérieurs au moins relevé en carène tranchante. Dessous du corps à ponctuation assez fine et peu serrée, un peu plus serrée sur le dernier segment abdominal. Pattes fortes, cuisses fortement dilatées; tibias munis à l'angle externe d'un fort crochet recourbé en dedans, les intermédiaires et les postérieurs s'élargissant en triangle à l'extrémité, les antérieurs un peu plus longs, assez fortement bisinués en dedans et ciliés de poils blonds dans leur seconde moitié et terminés à l'angle interne par une petite dent; tarses assez étroits, les postérieurs aussi longs que les tibias; dernier article presque aussi long que les trois précédents réunis. Mâle: premier segment ventral largement déprimé dans sa longueur et assez densément pointillé, dernier segment à son extrémité avec une dépression remplie d'une tomentosité jaune très-épaisse.

Cette espèce ressemble à l'*Angustus* Fairmaire; elle s'en distingue facilement par sa taille plus grande, son rostre plus fort et plus densément ponctué, son corselet bien plus long, à ponctuation moins forte et moins serrée, et par la tomentosité du dernier segment abdominal du mâle.

Le docteur Grenier a capturé cette jolie espèce au Perthus (Pyrénées-Orientales) en battant les chênes, et M. Abeille l'a retrouvée en Provence.

Ch. Bris.

Rhyncolus Filum. — *Muls. et Rey.* — Op. IX, p. 42.

En étudiant les *Rhyncolus* de la collection du docteur Grenier, j'ai reconnu une erreur qui s'est propagée dans tous les catalogues. Le *Rhyncolus filum* Muls et Rey est regardé comme identique au *gracilis* Rosenh. (*Angustus* Fairm); mais il suffit de parcourir la description de MM. Mulsant et Rey pour s'apercevoir que la chose est impossible. L'individu que j'ai sous les yeux et qui a été pris par M. Raymond, à Saint-Raphaël, se rapporte très-bien à la description des entomologistes lyonnais, il est voisin du *porcatus* par la force de sa ponctuation.

Il se distingue facilement du *gracilis* par sa forme plus étroite et plus parallèle, son rostre bien plus court, plus fort et atténué, les intervalles de ses stries plus étroits et relevés, et par sa ponctuation très-grosse.

Il faudra donc mettre dorénavant dans les catalogues, immédiatement après le *R. porcatus* :

Rhyncolus filum Muls. Rey.
— Gracilis Rosenh.
— Angustus Fairm.

si l'*angustus* est bien, comme on l'a dit, l'espèce décrite par Rosenhauer sous le nom de *gracilis*, ce que je n'ai pas été en mesure de vérifier.

Ch. Bris.

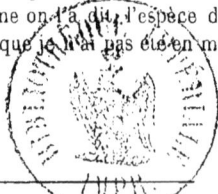

Imprimerie L. Toinon et Cie, à Saint-Germain.

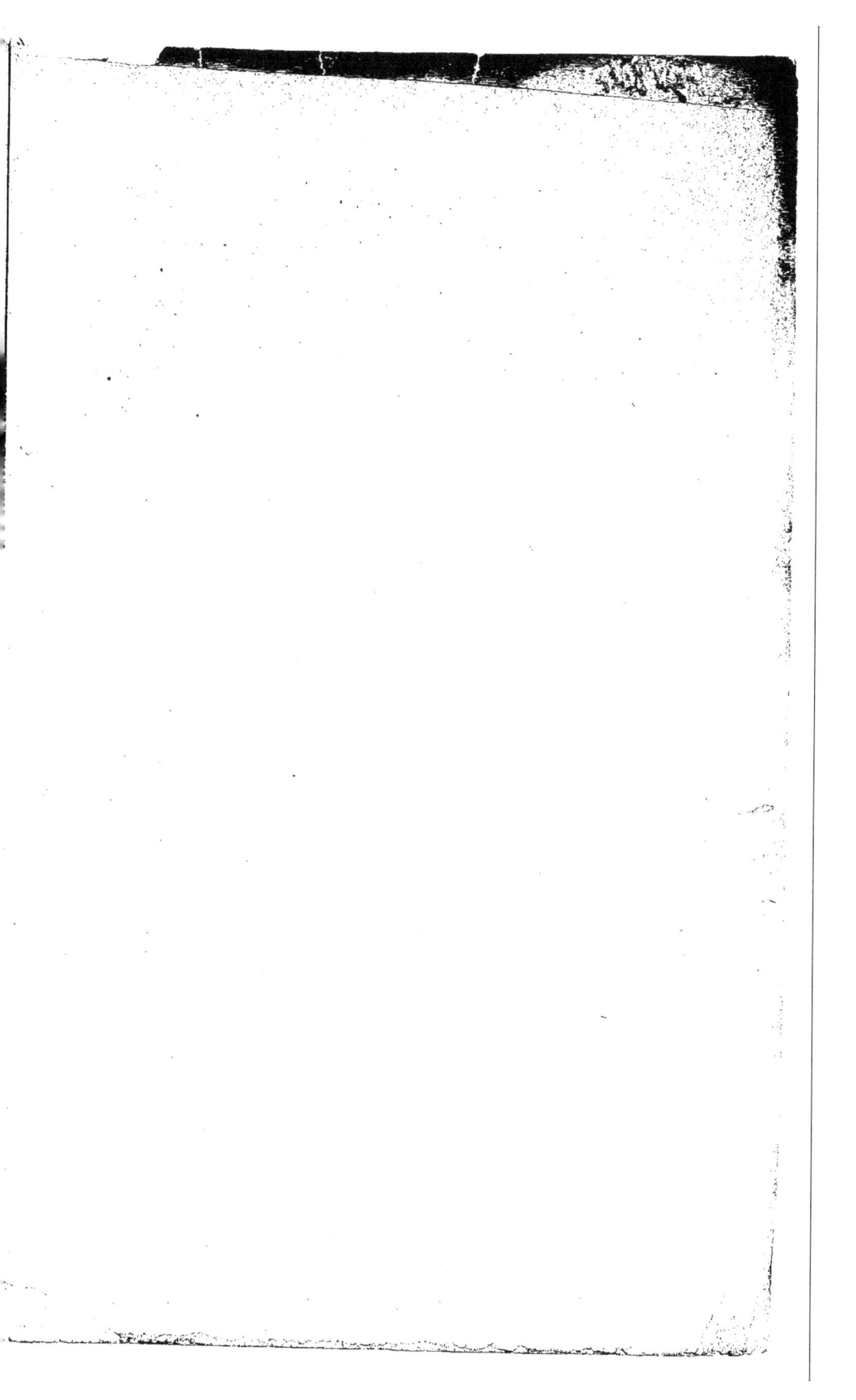

IMPRIMERIE L. TOINON ET Cᵉ, A SAINT-GERMAIN.

www.ingramcontent.com/pod-product-compliance
Lightning Source LLC
Chambersburg PA
CBHW071300200326
41521CB00009B/1846